Dominique Nadine Markowski

Molekulare Mechanismen der Wachstumsregulation von Uterus-Leiomyomen

Dominique Nadine Markowski

Molekulare Mechanismen der Wachstumsregulation von Uterus-Leiomyomen

Untersuchungen zur Onkogen-induzierten-Seneszenz und deren möglicher therapeutischer Relevanz

Südwestdeutscher Verlag für Hochschulschriften

Impressum/Imprint (nur für Deutschland/only for Germany)
Bibliografische Information der Deutschen Nationalbibliothek: Die Deutsche Nationalbibliothek verzeichnet diese Publikation in der Deutschen Nationalbibliografie; detaillierte bibliografische Daten sind im Internet über http://dnb.d-nb.de abrufbar.

Alle in diesem Buch genannten Marken und Produktnamen unterliegen warenzeichen-, marken- oder patentrechtlichem Schutz bzw. sind Warenzeichen oder eingetragene Warenzeichen der jeweiligen Inhaber. Die Wiedergabe von Marken, Produktnamen, Gebrauchsnamen, Handelsnamen, Warenbezeichnungen u.s.w. in diesem Werk berechtigt auch ohne besondere Kennzeichnung nicht zu der Annahme, dass solche Namen im Sinne der Warenzeichen- und Markenschutzgesetzgebung als frei zu betrachten wären und daher von jedermann benutzt werden dürften.

Coverbild: www.ingimage.com

Verlag: Südwestdeutscher Verlag für Hochschulschriften GmbH & Co. KG
Dudweiler Landstr. 99, 66123 Saarbrücken, Deutschland
Telefon +49 681 37 20 271-1, Telefax +49 681 37 20 271-0
Email: info@svh-verlag.de

Zugl.: Bremen, Universität Bremen, Dissertation, 2011

Herstellung in Deutschland:
Schaltungsdienst Lange o.H.G., Berlin
Books on Demand GmbH, Norderstedt
Reha GmbH, Saarbrücken
Amazon Distribution GmbH, Leipzig
ISBN: 978-3-8381-2768-2

Imprint (only for USA, GB)
Bibliographic information published by the Deutsche Nationalbibliothek: The Deutsche Nationalbibliothek lists this publication in the Deutsche Nationalbibliografie; detailed bibliographic data are available in the Internet at http://dnb.d-nb.de.

Any brand names and product names mentioned in this book are subject to trademark, brand or patent protection and are trademarks or registered trademarks of their respective holders. The use of brand names, product names, common names, trade names, product descriptions etc. even without a particular marking in this works is in no way to be construed to mean that such names may be regarded as unrestricted in respect of trademark and brand protection legislation and could thus be used by anyone.

Cover image: www.ingimage.com

Publisher: Südwestdeutscher Verlag für Hochschulschriften GmbH & Co. KG
Dudweiler Landstr. 99, 66123 Saarbrücken, Germany
Phone +49 681 37 20 271-1, Fax +49 681 37 20 271-0
Email: info@svh-verlag.de

Printed in the U.S.A.
Printed in the U.K. by (see last page)
ISBN: 978-3-8381-2768-2

Copyright © 2011 by the author and Südwestdeutscher Verlag für Hochschulschriften GmbH & Co. KG and licensors
All rights reserved. Saarbrücken 2011

Inhaltsverzeichnis

INHALTSVERZEICHNIS **1**

ABKÜRZUNGSVERZEICHNIS **3**

1 EINLEITUNG **5**

2 MATERIAL UND METHODEN **11**

    2.1 GEWEBEPROBEN 11

    2.2 ANLEGEN UND KULTIVIERUNG VON PRIMÄRKULTUREN 11

    2.3 ZYTOGENETIK UND MOLEKULARE ZYTOGENETIK 12

    2.4 ZELLLINIEN 12

    2.5 MDM2 INHIBITION MIT NUTLIN-3 12

    2.6 STIMULATION MIT FGF1 12

    2.7 STIMULATION MIT FKS BEI GLEICHZEITIGER MDM2 INHIBITION ... 12

    2.8 RNA-INTERFERENZ MITTELS SIRNAS 13

    2.9 RNA-ISOLIERUNG 13

    2.10 CDNA-SYNTHESE 13

    2.11 QUANTITATIVE REAL-TIME PCR 13

    2.12 WESTERN BLOT 14

    2.13 β-GALAKTOSIDASE-FÄRBUNG 14

3 ERGEBNISSE **15**

4	**DISKUSSION**	43
5	**ZUSAMMENFASSUNG**	57
6	**LITERATURVERZEICHNIS**	59
7	**DANKSAGUNG**	73

Abkürzungsverzeichnis

6-FAM	6-Carboxy-Fluorescein
6-TAMRA	6-Carboxy-Tetramethyl-Rhodamin
ADSCs	Adipose tissue-Derived Stem Cells
BAX	Bcl-2–Associated X
BCA	Bicinchoninic Acid
BRAF^{E600}	v-RAF murine sarcoma viral oncogene homolog B (E600)
BSA	Bovines Serum Albumin
CdK	Cyclin-dependent Kinase
CDKN1A	Cyclin-Dependent Kinase Inhibitor 1A; p21
CDKN2A	Cyclin-Dependent Kinase Inhibitor 2A; p14^{Arf}; p16^{Ink4a}
cDNA	copy DNA
CT	Cycle Threshold; C_t
DMBA	9,10-Dimethyl-1,2-Benzanthracen
DNA	Desoxyribonukleinsäure
dNTP	Desoxy-Nukleosid-5'-Triphosphat
E2F1	E2F Transkriptionsfaktor 1
ERK	Extracellular-signal Regulated Kinase
FGF1	Fibroblast Growth Factor 1
FISH	Fluoreszenz In Situ Hybridisierung
FKS	Fetales Kälberserum
g	Gravitationsbeschleunigung (9,81 m/s^2)
GAPDH	Glycerinaldehyd-3-Phosphat-Dehydrogenase
GLB1	Galaktosidase beta 1; β-Galaktosidase
GnRH	Gonadotropin Releasing Hormon
GusB	Glucuronidase Beta
HDAC1	Histon-Deacetylase 1
HMGA2	High Mobility Group AT-Hook 2
HPRT	Hypoxanthin-Guanin-Phosphoribosyl-Transferase
HRAS	v-Ha-RAS Harvey rat sarcoma viral oncogene homolog
JunB	Jun B Protoonkogen
Ki-67	Antigen Ki-67
let-7	microRNA let-7

M	molar
MAP-Kinase	Mitogen-aktivierte Protein-Kinase
MDM2	Murine Double Minute
MEK	Mitogen-aktivierte Protein-Kinase Kinase
M-MLV	Moloney-Murines-Leukemia-Virus
mRNA	messenger RNA
MSCs	Mesenchymal Stem Cells
NBT/BCIP	Nitroblautetrazoliumchlorid/ 5-Bromo-4-chloro-3-indolyl-Phosphat
NRAS	Neuroblastoma RAS viral (v-RAS) oncogene homolog
OIS	Onkogen-Induzierte Seneszenz
$p14^{Arf}$	Cyclin-Dependent Kinase Inhibitor 2A; $p14^{Arf}$
$p16^{Ink4a}$	Cyclin-Dependent Kinase Inhibitor 2A; $p16^{Ink4a}$
p53	Tumor Protein 53
PBS	Phosphate Buffered Saline
PCR	Polymerase-Chain-Reaction
pRb	Retinoblastoma Protein
qRT-PCR	Quantitative Real-Time PCR
RAF1	v-RAF-1 murine leukemia viral oncogene homolog 1
RAS	Rat Sarcoma Protein
RB	Retinoblastoma Gen
RIPA	Radioimmunoprecipitation Assay
RNA	Ribonukleinsäure
RT	Raumtemperatur
SDS	Sodium Dodecyl Sulfat
siRNA	small interfering RNA
SV40	Simian Virus 40
TP53	Tumor Protein 53 Gen
UL	Uterus-Leiomyom
UTR	Untranslated Region

1 Einleitung

Uterus-Leiomyome (UL), benigne Tumoren der glatten Muskulatur der Gebärmutter, sind mit einer Prävalenz von bis zu 77 % die häufigsten gynäkologischen Tumoren bei Frauen im reproduktiven Alter (Cramer und Patel, 1990). Das kumulierte Erkrankungsrisiko bei einem Alter von 50 Jahren liegt bei 70 – 80 % (Baird et al., 2003). Bei etwa einem Drittel der betroffenen Frauen kommt es zum Auftreten klinischer Symptome (Buttram und Reiter, 1981; Flake et al., 2003) wie abdominellen Schmerzen, Unfruchtbarkeit, Schwangerschaftskomplikationen und starken Gebärmutterblutungen bis hin zur Anämie (Carlson et al., 1994; Kjerulff et al., 1996; Coronado et al., 2000; Stewart, 2001). Obwohl eine maligne Transformation bei weniger als 0,1 % der Fälle beobachtet wird (Gross und Morton, 2001), stellen Uterus-Leiomyome die häufigste Indikation für Hysterektomien bei prämenopausalen Frauen dar (Wilcox et al., 1994; Farquhar und Steiner, 2002) und sind für ungefähr ein Drittel aller Hysterektomien in den USA verantwortlich (Wilcox et al., 1994).

Trotz ihrer großen Häufigkeit ist bisher noch sehr wenig über die Ätiologie und Pathogenese von Uterus-Leiomyomen bekannt. Zwar wurden in zahlreichen Studien z.B. der Einfluss der hormonellen Umgebung (Rein et al., 1995; Romagnolo et al., 1996; Rein, 2000), Gen-Polymorphismen (Hodge et al., 2009), Epigenetik (Asada et al., 2008; Yamagata et al., 2009), familiäre Dispositionen (Vikhlyaeva et al., 1995), onkogene Viren (Bullerdiek, 1999) und auch die Deregulation von mikro-RNA Genen (Luo und Chegini, 2008; Marsh et al., 2008; Wei und Soteropoulos, 2008) als Auslöser für die Myomentstehung diskutiert, doch sind die wirklichen Ursachen bis heute ungeklärt.

Je nach Lage unterscheidet man zwischen submukösen, intramuralen und subserösen Myomen. Sie können einzeln vorkommen, oft findet man aber mehrere Myome im selben Uterus. Analysen dieser multiplen Myome konnten zeigen, dass die verschiedenen Tumoren aus einem Uterus unterschiedliche zytogenetische Veränderungen aufweisen können, was auf eine unabhängige Entstehung der einzelnen Myome hindeutet (Ligon und Morton, 2000). Ungefähr 25 – 40 % der Myome zeigen bestimmte, bei diesen Tumoren regelmäßig vorkommende chromosomale Aberrationen (Sandberg und Bridge, 1994; Hodge et al., 2003), anhand derer man die Myome in verschiedene Subgruppen unterteilen kann (Rein et al., 1991). Zu den häufigsten gehören die Deletion 7q und Rearrangierungen der Chromosomenregion 12q14~15 (Sandberg, 2005; Flake et al., 2003). In der Region 12q14~15 ist das *HMGA2* Gen lokalisiert (Schoenmakers et al., 1995); entsprechend weisen Tumoren dieser Gruppe eine erhöhte *HMGA2* Expression auf (Gattas et al., 1999; Gross et al., 2003; Klemke et al., 2009). Unterschiedliche Karyotypen in multiplen Myomen einer Patientin könnte allerdings auch ein sekundäres Ereignis widerspiegeln und somit keinen Beweis für einen unabhängigen Ursprung der einzelnen Myome darstellen. Allerdings wird die Annahme der unabhängigen Entstehung multipler Myome durch diverse X-Inaktivierungsstudien bestätigt, die nachweisen konnten, dass die verschiedenen Myome eines Uterus jeweils monoklonal und unabhängig voneinander entstehen (Linder und Gartler, 1965; Townsend et al., 1970; Mashal et al., 1994; Hashimoto et al., 1995). Der monoklonale Ursprung von Myomen deutet auf Mutationen als Ursache einer abnormalen monoklonalen Proliferation von Stamm- oder Vorläuferzellen des Myometriums hin.

Die Größe von Myomen kann stark variieren. Auch die einzelnen Myome desselben Uterus können Größenvariationen von wenigen Millimetern bis zu mehr als 30 Zentimetern aufweisen (Dixon et al., 2002). Die Größenunterschiede könnten ein unterschiedliches „Tumoralter" reflektieren, die einzelnen Tumoren aber grundsätzlich das gleiche Wachstumspotential besitzen. Ultraschall-Untersuchungen zeigten jedoch, dass auch kleinere Myome oft einen spontanen Wachstumsstopp zeigen (De Waay et al., 2002). Da Myome hormonabhängig sind, d.h. auf Östrogen und Progesteron reagieren (Rein et al., 1995), nicht vor Eintritt der ersten Regelblutung (Menarche) entstehen (Fields und Nienstein, 1996) und es nach der Menopause nicht mehr zu Neubildungen, sondern häufig zum Wachstumsstopp und zum Schrumpfen oder Verkalken bereits vorhandener Myome kommt (Ross et al., 1986; Cramer und Patel, 1990), könnte man vermuten, dass die jeweilig individuelle Hormonstimulation die Ursache für die auffallenden Größenunterschiede bei Myomen ist. Aber auch diese Vermutung kann als Erklärung ausgeschlossen werden, da Ultraschall-Untersuchungen nachweisen konnten, dass bei einzelnen Patientinnen mit multiplen Myomen einige Tumoren wachsen, andere aber nicht (Pedadda et al., 2008). Zusätzlich konnte gezeigt werden, dass die verschiedenen Tumoren mit unterschiedlichen Wachstumsraten wachsen (Pedadda et al., 2008) und dass

größere Myome die Tendenz haben schneller zu wachsen als kleinere (De Waay et al., 2002).
Wahrscheinlich ist daher, dass die Myomgröße auch durch tumorindividuelle Faktoren limitiert wird. Diese endogene Wachstumskontrolle unterscheidet Myome von malignen Neoplasien, die eine solche Wachstumskontrolle nicht besitzen oder Wege gefunden haben sie zu umgehen. Ein Grund für den bei benignen und prämalignen Tumoren häufig beobachteten Wachstumsstopp ist die sogenannte Onkogen-induzierte Seneszenz (OIS) (Michaloglou et al., 2005; Collado et al., 2005, Chen et al., 2005; Braig et al., 2005; Mooi und Peeper, 2006). Als zelluläre Seneszenz bezeichnet man einen irreversiblen Zellzyklusarrest in der G1-Phase, bei dem die Zellen metabolisch aktiv bleiben, aber nicht mehr zur DNA-Replikation in der Lage sind (Matsumura et al., 1979). Unter anderem können die Verkürzung der Telomeren durch wiederholte Zellteilung (replikative Seneszenz), DNA-Schäden, starke mitogene Signale und beschädigtes Chromatin Auslöser für die zelluläre Seneszenz sein (Campisi, 2005). Unter OIS versteht man eine Art der zellulären Seneszenz, ausgelöst durch aktivierte Onkogene oder onkogene Viren, die bei benignen und prämalignen Tumoren über die Aktivierung des *CDKN2A*-Lokus, der für die Proteine p16^{Ink4a} und p14^{Arf} (auch bekannt als p19^{Arf}) kodiert, zum Wachstumsarrest führt. p14^{Arf} und p16^{Ink4a} sind Zellzyklusinhibitoren. Während p14^{Arf} über seine Interaktion mit MDM2 die Ubiquitilierung und Degradierung von p53 verhindert, blockiert p16^{Ink4a} die Phosphorylierung und Inaktivierung des pRb-Proteins (Zhang et al., 1998; Meek, 2009). Ihre Expression bewirkt somit letztendlich einen Zellzyklusarrest, welcher schließlich zur zellulären Seneszenz führt oder Apoptose auslöst (Lowe und Sherr, 2003). Die OIS wird also begleitet von der Aktivierung eines Tumor-Suppressor-Netzwerkes, vermittelt durch Tumor-Suppressor-Gene (u.a. *p16^{Ink4a}*, *p14^{Arf}*, *TP53* und *RB*), die bei humanen malignen Tumoren häufig inaktiviert sind.
Ein Beispiel für die bedeutende Rolle der OIS bei benignen Tumoren sind Pigmentnävi der Haut, die beim Menschen außerordentlich häufig sind. Pigmentnävi sind kleine benigne Neoplasien von kutanen Melanozyten (Mooi und Peeper, 2006), welche eine onkogene Mutation aufweisen. In der Regel handelt es sich hierbei um eine aktivierende *BRAF^{E600}* Mutation oder etwas seltener um *NRAS* oder *HRAS* Mutationen (Bastian et al., 2000; Pollock et al., 2003; Saldanha et al., 2004). BRAF ist ein Molekül, das zum MAP-Kinase Signaltransduktionsweg (RAS-RAF-MEK-ERK) gehört und bei etwa 44 % der

malignen Melanome mutiert ist. Der MAP-Kinase Signalweg reguliert das Zellwachstum und -überleben und wird für die Entstehung maligner Melanome mitverantwortlich gemacht (Dhomen und Marais, 2009). Obwohl die Aktivierung des MAP-Kinase Signalwegs ein wirksames Proliferationssignal auslöst, verlieren benigne Nävi nach einer initialen Phase der Proliferation, die zur Entstehung des Nävus führt, anders als maligne Melanome, letztendlich ihre proliferative Aktivität und ihr Wachstum bleibt für Jahrzehnte gehemmt, bis sie sogar allmählich verschwinden (Kuwata et al., 1993; Maldonado et al., 2004). Michaloglou et al. (2005) konnten zeigen, dass eine $BRAF^{E600}$ Überexpression in kultivierten humanen Melanozyten zelluläre Seneszenz auslösen kann (Michaloglou et al., 2005). Humane Nävi, die das Ende ihrer Wachstumsphase erreicht haben, zeigen die vier gängigen Kennzeichen von zellulärer Seneszenz, d.h. die Expression eines aktivierten Onkogens ($BRAF^{E600}$), einen stabilen und vollständigen oder nahezu vollständigen proliferativen Arrest, erhöhte Level eines Tumorsuppressor-Proteins ($p16^{Ink4a}$) und die Expression von Seneszenz-assoziierter β-Galaktosidase (Mooi und Peeper, 2006).

Diese Erkenntnisse zeigen, dass die OIS eine kritische Barriere zur Entstehung maligner Tumoren darstellt. Wenn sich eine onkogene Mutation ereignet, kann eine Zelle auf drei verschiedene Arten darauf reagieren (Abb. 1). Die erste Möglichkeit ist eine unmittelbare antiproliferative Antwort, die entweder zur Apoptose oder zur zellulären Seneszenz führt. Wenn keine unmittelbare Reaktion auf die Mutation erfolgt, wird eine Läsion verursacht. Anschließend könnten als zweite Möglichkeit, etwas verzögert, Apoptose- oder Seneszenz-Programme aktiviert werden und wiederum zum Zelltod oder Wachstumsarrest führen. Die dritte Variante besteht darin, dass bei Abwesenheit entsprechender Abwehrmechanismen anhaltendes Wachstum verbunden mit zusätzlichen Mutationen zu einer malignen Läsion führt. Die zelluläre Seneszenz ist ein stabiler Zustand. Seneszente Zellen verweilen in der Regel für Jahrzehnte in diesem Stadium. Dennoch können in seltenen Fällen Zellen dem seneszenten Zustand entkommen und eine maligne Transformation durchlaufen (Mooi und Peeper, 2006).

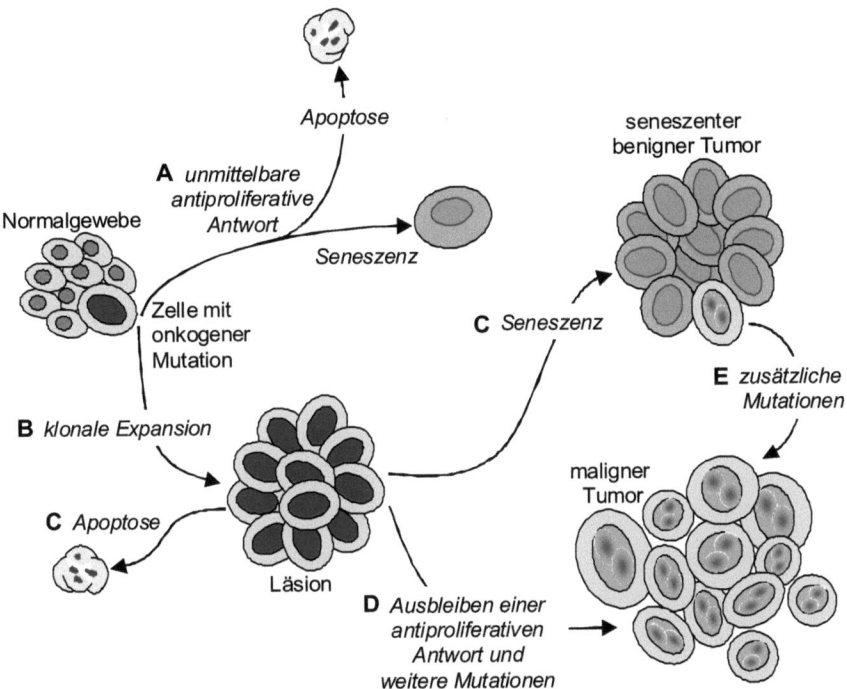

Abbildung 1: Modell zur Tumorentstehung (modifiziert nach Mooi und Peeper, 2006). Nach Auftreten einer onkogenen Mutation **A**: kann eine unmittelbare antiproliferative Antwort zur Apoptose oder Seneszenz führen. **B**: Beim Ausbleiben einer unmittelbaren antiproliferativen Antwort kommt es zur Zellproliferation, so dass eine Läsion entsteht. **C**: Eine verzögerte antiproliferative Antwort führt zur Apoptose oder über die Aktivierung von Seneszenz-Programmen zur Entstehung eines benignen Tumors. **D**: Beim vollständigen Ausbleiben einer antiproliferativen Antwort führt anhaltendes Wachstum verbunden mit zusätzlichen Mutationen zur Entstehung eines malignen Tumors. **E**: In seltenen Fällen können seneszente Zellen eine maligne Transformation durchlaufen.

Interessanterweise beschrieb Mooi (2009) kürzlich die Onkogen-induzierte Seneszenz als Ursache für den spontanen Wachstums-Stillstand von Hypophysenadenomen (Mooi, 2009), benignen endokrinen Tumoren bei denen ähnlich wie bei Myomen häufig *HMGA2* hochreguliert ist (Fedele and Fusco, 2010). Dass die Seneszenz auch beim Wachstumsverhalten von Myomen von Bedeutung zu sein scheint, zeigt eine Arbeit von Laser et al. (2010), in der die Autoren nachweisen konnten, dass 11 % der 82 untersuchten Tumoren mehr als 50 % β-Galaktosidase-positive Zellen aufwiesen. Allerdings konnte kein Zusammenhang zwischen der $p16^{Ink4a}$ Expression und dem Seneszenz-Level festgestellt werden (Laser et al., 2010), so dass eine Beteiligung des wachstumsinhibierenden p16^{Ink4a}-Rb-Seneszenz-Signalwegs ausgeschlossen wurde.

Die Entschlüsselung der Mechanismen, die für den Wachstumsstopp von Myomen verantwortlich sind, und die Identifizierung der beteiligten (molekularen) Faktoren können dazu beitragen die Entstehung von Myomen zu verstehen und helfen, neue geeignete Therapieansätze für diese häufige Erkrankung zu finden, denn trotz der hohen Prävalenz von Myomen, existieren gegenwärtig, abgesehen von chirurgischer Entfernung durch Hysterektomie oder Myomektomie (Tumorenukleation), nur wenige Behandlungsoptionen. Eine Behandlung mit GnRH-Agonisten sowie Antagonisten kann ein Schrumpfen der Tumoren verursachen, allerdings wird nach Absetzen der Therapie in der Regel ein erneutes Wachstum der Tumoren beobachtet (Chia et al., 2006; Matta et al., 1989). Aus diesem Grund ist eine Intervention auf dem hormonellen Level nur zur präoperativen Reduktion der Tumorgröße üblich (Lethaby et al., 2001). Eine weitere Alternative ist die Uterusarterienembolisation, jedoch kommt es häufig zur Rückkehr der Myom-bedingten Symptome (Sharp, 2006; Miller, 2009). Die Entwicklung von Therapien, die ein permanentes Schrumpfen der Myome zum Ziel haben, stellt daher eine wichtige Herausforderung dar. Aus diesen Überlegungen ergab sich für die vorliegende Arbeit die Fragestellung, ob die Onkogen-induzierte Seneszenz auch bei Myomen einen wichtigen wachstumslimitierenden Faktor darstellt und ob das zweite vom *CDKN2A*-Lokus kodierte Gen (*p14^{Arf}*) und somit die p53-abhängige Seneszenz eine Rolle bei der Wachstumskontrolle von Myomen spielt.

2 Material und Methoden

2.1 Gewebeproben

Die Gewebeproben der verwendeten Uterus-Leiomyome (UL) und des korrespondierenden Myometriums wurden in Zusammenarbeit mit Dr. Burkhard Helmke vom Institut für Pathologie des Elbeklinikums Stade, sowie von der Frauenklinik des Krankenhaus Cuxhaven in Zusammenarbeit mit Prof. Dr. Deichert zur Verfügung gestellt. Für die RNA-Isolierung und anschließende qRT-PCR-Analysen wurden die Gewebeproben während oder direkt nach der Operation in flüssigem Stickstoff tiefgefroren. Für die Zellkulturen sowie für die Explantatkulturen wurden die Gewebeproben während der Operation in Hanks-Lösung überführt. Das verwendete humane subkutane Fettgewebe eines anonymisierten Spenders wurde vom Klinikum Bremen Nord in Zusammenarbeit mit Prof. Dr. Wenk, das canine Fettgewebe von der Kleintierklinik der Stiftung Tierärztliche Hochschule Hannover - Klinik für Kleintiere in Zusammenarbeit mit Prof. Dr. Nolte zur Verfügung gestellt und während der Operation in Hanks-Lösung überführt. Die Chorionzotten-Zellen stammen aus einer Langzeitkultur nach diagnostischer Chorionzottenbiopsie und wurden nach Abschluss der Diagnostik nicht mehr benötigt. Für alle humanen Gewebe wurden die Grundlagen der Deklaration von Helsinki eingehalten. Die Verwendung der Gewebeproben erfolgte nach schriftlicher Einverständniserklärung der Patienten.

2.2 Anlegen und Kultivierung von Primärkulturen

Zum Anlegen der Primärkulturen wurden die in Hanks-Lösung gelagerten Gewebeproben unter sterilen Bedingungen zunächst mechanisch zerkleinert und anschließend mit 0,26 % (200 U/ml) Collagenase behandelt. Nach ein bis zwei Stunden bei 37 °C wurde die Zellsuspension für 10 min bei 1.000 x g zentrifugiert, das Zellpellet in entsprechendem Wachstumsmedium resuspendiert und in sterile mit 5 ml Medium befüllte 25 cm^2 Zellkulturflaschen überführt. Die Kultivierung der Zellen erfolgte bei 37 °C und 5 % CO_2-Gehalt im Brutschrank. Ein Mediumwechsel wurde alle drei Tage durchgeführt und bei Ausbildung eines konfluenten Monolayers wurden die Zellen unter Verwendung von TrypLE bzw. Trypsin abgelöst und subkultiviert.

2.3 Zytogenetik und molekulare Zytogenetik

Zytogenetische und molekularzytogenetische Analysen wurden nach Standardmethoden durchgeführt.

2.4 Zelllinien

Bei den verwendeten Zelllinien LM 168 und LM 220 handelt es sich um Uterus-Leiomyom-Zelllinien, die durch Transfektion mit einem subgenomischen Fragment des SV40-Virus immortalisiert wurden (Stern et al., 1991).

2.5 MDM2 Inhibition mit Nutlin-3

Für die MDM2-Inhibition wurden die Zellen in mit 2 ml Medium 199 + 20 % FKS befüllten Leighton-Tubes mit einer Dichte von 200.000 auf 10 mm x 50 mm Deckgläschen ausgesät. Nach 24 h wurde Nutlin-3 in den jeweiligen Konzentrationen hinzugegeben. Die Nutlin-3-Behandlung der Gewebe-Explantate wurde in 6-Well-Platten in 5 ml Medium 199 + 20 % FKS und der entsprechenden Nutlin-3 Konzentration durchgeführt.

2.6 Stimulation mit FGF1

Für die Stimulation mit FGF1 wurden humane ADSCs in 6-Well-Platten in 2,5 ml Medium 199 + 10 % FKS mit einer Dichte von 300.000 Zellen pro 9,6 cm Schale ausgesät. Nach 24 h wurde die Serumkonzentration auf 1 % reduziert und nach weiteren 24 h wurde das Medium durch serumfreies Medium mit 25 ng/ml FGF1 ersetzt.

2.7 Stimulation mit FKS bei gleichzeitiger MDM2 Inhibition

Für die Stimulation mit FKS bei gleichzeitiger MDM2 Inhibition wurden canine ADSCs in 6-Well-Platten in 2,5 ml Medium 199 + 10 % FKS mit einer Dichte von 300.000 Zellen pro 9,6 cm Schale ausgesät. Nach 24 h wurde die Serumkonzentration auf 1 % reduziert und nach weiteren 24 h erfolgte die Stimulation mit 20 % FKS für 6 h bei gleichzeitiger Nutlin-3-Behandlung (30 µM und 50 µM). Als Kontrolle wurde ein Stimulations-Ansatz ohne Nutlin-3-Behandlung durchgeführt.

2.8 RNA-Interferenz mittels siRNAs

Zur Inhibition der MDM2-mRNA in Myomzellen bzw. der p14^{Arf}-mRNA in humanen ADSCs wurden reverse Transfektionen mit jeweils vier genspezifischen siRNAs durchgeführt. 6 µl des Transfektionsreagenz wurden mit 158 µl Medium 199 ohne FKS und 36 µl der entsprechenden siRNAs gemischt und bei RT für 20 min inkubiert. Anschließend wurde die Lösung zusammen mit 200.000 Zellen in 2.200 µl Medium 199 + 20 % FKS in 6-Well-Platten gegeben und für 48 h und für 72 h im Brutschrank inkubiert. Zusätzlich wurde eine Negativ-Kontrolle mit siRNAs ohne Homologien zu humanen Genen durchgeführt. Als Positiv-Kontrolle wurden siRNAs gegen GAPDH verwendet.

2.9 RNA-Isolierung

Die RNA-Isolierung wurde mit Hilfe eines kommerziell erhältlichen RNA-Isolierungs-Kits nach Herstellerangaben durchgeführt.

2.10 cDNA-Synthese

Die reverse Transkription von 250 ng RNA wurde mit Hilfe von 200 U M-MLV Reverser-Transkriptase durchgeführt. Nach einer initialen Denaturierung der RNA mit 150 ng/µl Random Hexameren und dNTPs (100 mM) bei 65 °C für 5 min wurde die RNA für mindestens 1 min auf Eis gestellt. Nach Zugabe des Enzyms erfolgte das Annealing der Random Hexamere für 10 min bei 25 °C. Die reverse Transkription wurde anschließend für 50 min bei 37 °C durchgeführt, gefolgt von der Inaktivierung des Enzyms für 15 min bei 70 °C.

2.11 Quantitative Real-Time PCR

Die relative Quantifizierung der mRNA-Level wurde mittels Real-Time PCR Analysen unter Verwendung des Applied Biosystems 7300 Real-Time PCR Systems durchgeführt. Als endogene Kontrolle bei humanen Proben wurde das *HPRT*-Gen (Hypoxanthin Phosphoribosyl-Transferase) (Specht et al., 2001), sowie bei caninen Proben das *GusB*-Gen (Glucoronidase Beta) (Forward Primer: 5'- TGG TGC TGA GGA TTG GCA-3', reverse Primer: 5'- CTG CCA CAT GGA CCC CAT TC-3', Sonde: 5'-6-FAM-CGC CCA CTA CTA TGC CAT CGT GTG T-TAMRA-3') verwendet. Zur Detektierung des caninen HMGA2 wurden die Primer 5'-AGT CCC TCC AAA GCA GCT CAA AAG-3'

(Forward) und 5'- GCC ATT TCC TAG GTC TGC CTC-3'(Reverse) sowie die Sonde 5'-6-FAM- GAA GCC ACT GGA GAA AAA CGG CCA-TAMRA-3' eingesetzt. Für die Quantifizierung der mRNA-Level aller weiteren Gene wurden kommerziell erhältliche Genexpressions-Assays verwendet. Alle Messungen wurden als Triplikate durchgeführt.

Die Quantifizierung erfolgte in 96-Well Platten, unter Verwendung der synthetisierten cDNA, dem genspezifischen Assay, bzw. den spezifischen Primern und der entsprechenden Sonde, sowie einem Universal-PCR-Mastermix. Nach Verschluss der Platte mit einer optischen Folie und Zentrifugation für 60 sek bei 1.000 x g und 20 °C wurde die PCR-Reaktion unter folgenden Bedingungen durchgeführt: Nach einer Inkubation für 2 min bei 50 °C zur Aktivierung der Uracil-N-Glykosylase und anschließender Denaturierung des Templates bei gleichzeitiger Deaktivierung der Uracil-N-Glykosylase bei 95 °C für 10 min, erfolgte die Amplifikation in 50 Zyklen mit einem Denaturierungsschritt für jeweils 15 sek bei 95 °C und einem darauf folgenden kombinierten Annealing-/Elongationsschritt für jeweils 60 sek bei 60 °C. Die anschließende Auswertung der Daten erfolgte gemäß der komparativen CT-Methode (ΔΔCT-Methode) wie von Livak und Schmittgen (2001) beschrieben.

2.12 Western Blot

Die Proteinextraktion für die Western Blot Analysen erfolgte mittels RIPA-Puffer. Die Konzentrationen der isolierten Proteine wurden mit Hilfe eines BCA-Protein-Assays bestimmt. Eine definierte Menge an Protein wurde anschließend in einem SDS-Polyakrylamid-Gel aufgetrennt und auf eine Nitrozellulose-Membran transferiert. Nach anschließender Inkubation mit den jeweiligen primären Antikörpern wurden entsprechende alkalische Phosphatase-konjugierte sekundäre Antikörper hinzugegeben. Die Banden wurden schließlich durch Inkubation mit NBT/BCIP (Nitroblautetrazoliumchlorid/ 5-Bromo-4-chloro-3-indolyl-Phosphat) visualisiert.

2.13 β-Galaktosidase-Färbung

Die β-Galaktosidase-Färbung der Zellen wurde mittels eines kommerziell erhältlichen Färbekits nach Herstellerangaben durchgeführt. Nach Inkubation mit der Färbelösung bei 37 °C für 24 h, wurden die Zellen zweimal mit 1xPBS gewaschen und unter dem Mikroskop ausgewertet.

3 Ergebnisse

Obwohl der Zusammenhang zwischen Rearrangierungen des *HMGA2* Gens und Leiomyomen bereits seit mehr als 15 Jahren bekannt ist, ist der genaue Kausalmechanismus noch nicht geklärt. Neuere Daten deuteten auf einen Zusammenhang mit der zellulären Seneszenz hin: In einer Studie von Nishino et al. (2008) wurde an neuronalen Stammzellen der Maus ein Zusammenhang zwischen der *HMGA2* Expression und der Expression der Gene des *CDKN2A*-Lokus nachgewiesen. Die Autoren schlossen aus ihren Ergebnissen, dass HMGA2 über die Repression der vom *CDKN2A*-Lokus kodierten Gene ($p16^{Ink4a}$ und $p14^{Arf}$) die Seneszenz unterdrückt. Ohne dass die zugrunde liegenden Mechanismen bekannt sind, gingen die Autoren von einer indirekten Repression des *CDKN2A*-Lokus über eine HMGA2-vermittelte Inhibierung von *JunB*, einem Aktivator des *CDKN2A*-Lokus, aus (Nishino et al., 2008). In der Arbeit von Nishino et al. (2008) wurde weiterhin vermutet, dass diese Inhibierung den Effekt von HMGA2 bei der Genese benigner Tumoren erklären könnte.

Daher wurde in der vorliegenden Arbeit zunächst an nativem Myomgewebe ein Zusammenhang zwischen der *HMGA2*-Expression und der Expression der Gene des *CDKN2A*-Lokus überprüft, um die Mechanismen, die beim Wachstum von Myomen eine Rolle spielen besser zu verstehen und zu überprüfen, ob die onkogen-induzierte Seneszenz (OIS) beim Wachstumsarrest dieser Tumoren von Bedeutung ist bzw. ob eine *HMGA2*-Überexpression dem Wachstumsarrest entgegenwirken kann.

Wenn HMGA2 in der Lage ist, über Repression der Seneszenz-assoziierten Gene des *CDKN2A*-Lokus die Seneszenz zu unterdrücken, könnte dies eine Erklärung dafür sein, dass Myome mit *HMGA2*-Rearrangierungen größer werden als Myome ohne diese Aberration (Rein et al., 1998; Hennig et al., 1999). Um zu überprüfen, ob die erhöhte *HMGA2* Expression in den Myomen dieser Gruppe mit einer verringerten Seneszenz verbunden ist, wurde, neben acht Myometrium-Gewebeproben, eine Serie von UL mit 12q14~15 Rearrangierungen (n = 20) und mit anderen Karyotypen (n = 16) hinsichtlich ihrer *HMGA2* Expressionen, sowie den Expressionen der Seneszenz-assoziierten Gene $p16^{Ink4a}$, $p14^{Arf}$ und *CDKN1A* untersucht.

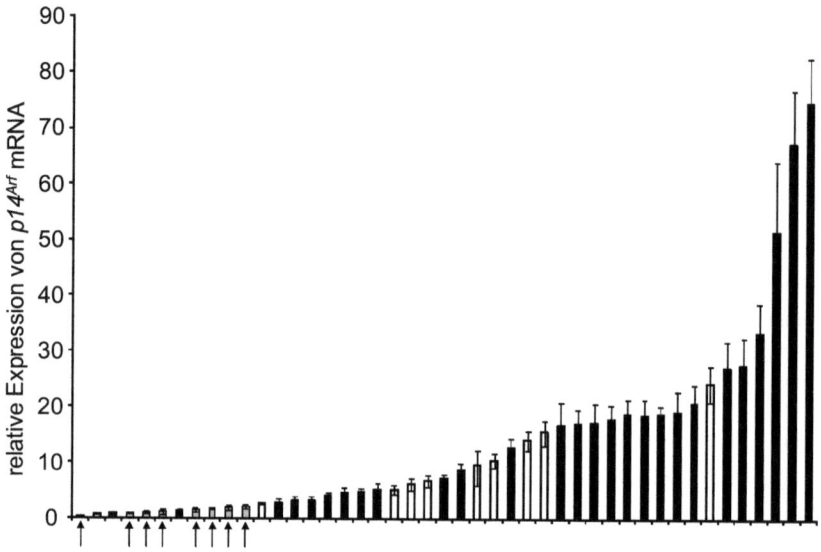

Abbildung 2: Relative Quantifizierung der p14^{Arf}-Expression in Myomen und Myometrium.
Graue Säulen (Pfeilmarkierung): Myometrium-Proben; weiße Säulen: Myome mit normalem Karyotyp; schwarze Säulen: Myome mit chromosomalen Rearrangierungen der Chromosomen-Region 12q14~15 (aus Markowski et al., 2010a).

Die Myome zeigten eine signifikant (p < 0,01) höhere $p14^{Arf}$ Expression als die Myometrium-Proben (n = 8), während p16^{Ink4a} in keiner der untersuchten Proben detektierbar war (Abb. 2). Erstaunlicherweise zeigten die *HMGA2* rearrangierten Myome eine signifikant (p < 0,05) höhere $p14^{Arf}$ Expression als die Myome mit normalem Karyotyp.

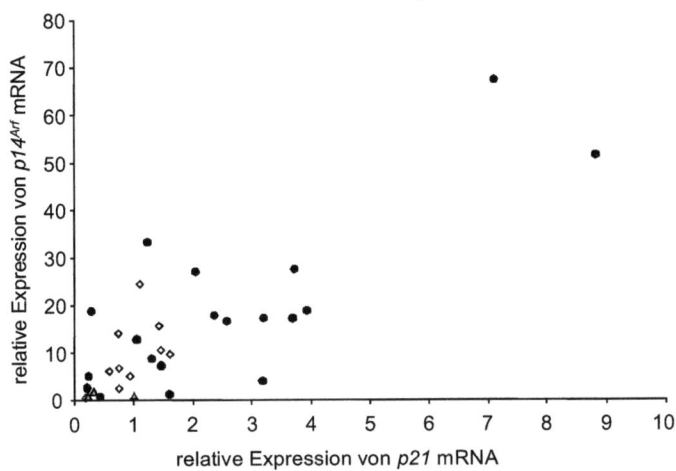

Abbildung 3: Korrelation zwischen der relativen CDKN1A-Expression (X-Achse) und der relativen $p14^{Arf}$-Expression (Y-Achse) im Myometrium (schwarze Dreiecke), in Myomen mit 12q14~15 Aberrationen (schwarze Kreise) und in Myomen mit normalem Karyotyp (weiße Rauten). Eine Myometrium-Probe diente als Kalibrator (Expression = 1) (aus Markowski et al., 2010a).

Zudem waren die Expressionen von $p14^{Arf}$ und CDKN1A, einem direkten transkriptionellen Target von TP53, positiv korreliert ($p < 0{,}001$) (Abb. 3). Ebenso war eine durchschnittlich niedrigere Expression von CDKN1A in Myometrium im Vergleich zu Myomen sowie eine signifikant ($p < 0{,}05$) höhere Expression von CDKN1A in Myomen mit 12q14~15 verglichen mit Myomen mit normalem Karyotyp feststellbar.

Auch zwischen den jeweiligen Expressionen von HMGA2, $p14^{Arf}$ sowie CDKN1A und der Größe der Myome waren positive Korrelationen vorhanden (Abb. 4).

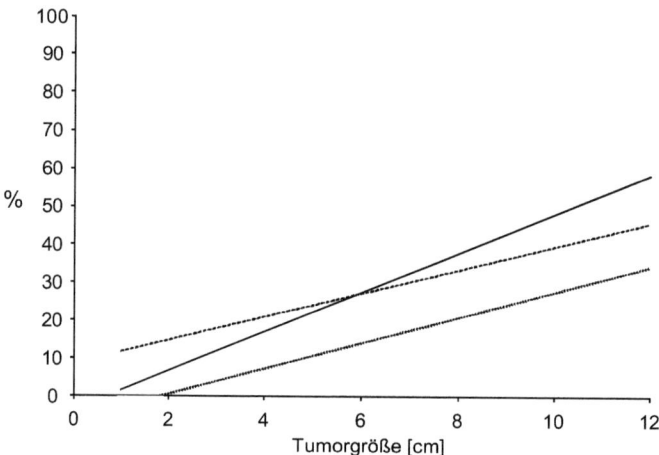

Abbildung 4: Signifikante lineare Korrelation zwischen der Größe der untersuchten Myome und den Expressionen von *HMGA2* (gepunktete Linie, p < 0,05), *p14^{Arf}* (gestrichelte Linie, p < 0,05) und *CDKN1A* (durchgezogene Linie, p < 0,001). Für die Expression von allen drei Genen wurde der Tumor mit der jeweilig höchsten Expression 100% gesetzt (aus Markowski et al., 2010a).

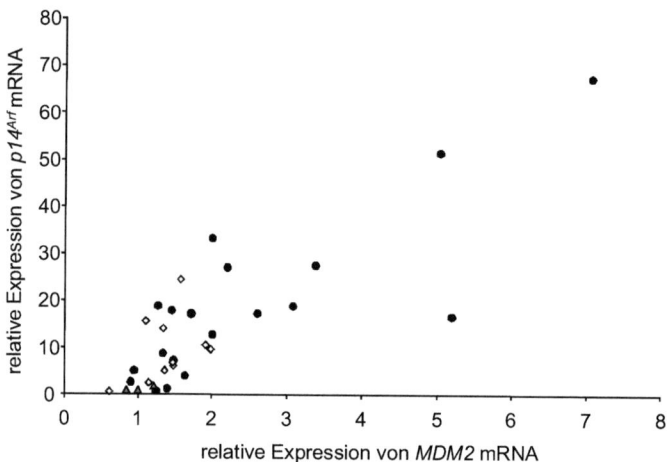

Abbildung 5: Korrelation zwischen der relativen *MDM2*-Expression (X-Achse) und der relativen *p14^{Arf}*-Expression (Y-Achse) im Myometrium (schwarze Dreiecke), in Myomen mit 12q14~15 Aberrationen (schwarze Kreise) und in Myomen mit normalem Karyotyp (weiße Rauten). Eine Myometrium-Probe diente als Kalibrator (Expression = 1) (aus Markowski et al., 2010a).

Da bekannt ist, dass ein positiver Feedback-Loop zwischen p53 und MDM2 existiert (Zhang et al., 1998; Meek, 2009), und p14^{Arf} über die Repression von MDM2 erhöhte p53

Level bedingt, wurde als nächstes überprüft, ob eine erhöhte $p14^{Arf}$ Expression mit einer gesteigerten *MDM2* Expression einhergeht. Auch hier konnte eine positive Korrelation (p < 0,001) zwischen den Expressionen der beiden Gene festgestellt werden (Abb. 5), wobei die Myome der 12q14~15 Gruppe eine signifikant (p < 0,05) höhere *MDM2* Expression aufweisen als Myome mit normalem Karyotyp.

Bis heute existiert noch kein geeignetes *in vivo* Modell-System für Myome, weshalb man darauf angewiesen ist, auf *in vitro* Systeme zurückzugreifen. Allerdings ist die Übertragbarkeit und Vergleichbarkeit zwischen *in vitro* Systemen und der Situation *in vivo* teilweise problematisch. Neben diversen Unterschieden, wie etwa dem Verlust von Hormonrezeptoren der Myomzellen und Myometriumzellen *in vitro* (Severino et al., 1996; Zaitseva et al., 2006), ist es zum Beispiel unklar, warum Zellen von Myomen *in vitro* ein unerwartet niedrigeres Wachstumspotential zeigen als Myometriumzellen (Carney et al., 2002; Loy et al., 2005; Chang et al., 2010), während Myome *in vivo*, verglichen mit Myometrium, eine deutlich höhere proliferative Aktivität zeigen (Dixon et al., 2002).

Die Feststellung, dass Myome *in vivo* eine signifikant höhere Expression des Seneszenz-assoziierten $p14^{Arf}$-Gens aufweisen als Myometrium, lässt vermuten, dass diese erhöhte $p14^{Arf}$ Expression für das niedrige *ex vivo* Wachstumspotential der Myome mitverantwortlich ist.

Zusätzlich würde man hinsichtlich der *in vivo* nachgewiesenen starken Unterschiede in der *HMGA2*-Expression (Gross et al., 2003; Klemke et al., 2009; Markowski et al., 2010a) zwischen Myomen verschiedener genetischer Subgruppen ein deutlich unterschiedliches *in vitro* Wachstumsverhalten der Primärkulturen der verschiedenen Myom-Gruppen erwarten. So müssten Myome mit hohem HMGA2 Level eine höhere Passagenzahl erreichen, da die hohen HMGA2 Level die Seneszenz zumindest verzögern würden (Nishino et al., 2008). Ein solcher Unterschied wurde bisher aber noch nicht beschrieben. Um deshalb die Bedeutung von *HMGA2* und $p14^{Arf}$ auf das Wachstumsverhalten der Myome auch im *in vitro* System zu untersuchen, sollten die Expressionen dieser beiden

Gene zwischen der *in vivo* Situation und dem *in vitro* System verglichen werden. Dazu wurden *HMGA2*- sowie *p14^Arf*-Expression in einer Serie von UL (n = 16) sowohl im nativen Tumorgewebe, als auch nach *in vitro* Kultivierung gemessen. Dabei wurde mittels konventioneller Zytogenetik zwischen UL mit 12q14~15 Rearrangierungen (n = 11), d.h. mit hohem HMGA2 mRNA-Level und UL mit normalem Karyotyp (n = 5) also mit niedrigem HMGA2 mRNA-Level differenziert (s. Tab. 1). Karyotypbeispiele von verwendeten Myomen sind in der Abbildung 6 gezeigt.

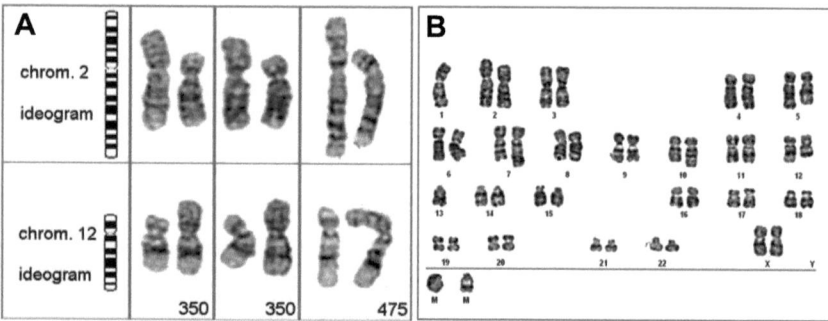

Abbildung 6: Repräsentativer bzw. vollständiger Karyotyp von zwei Myomen mit strukturellen Chromosomenveränderungen des Chromosoms 12. Myom mit Karyotyp 46,XX,t(2;12)(p21;p13); die Fluoreszenz *in situ*–Hybridisierung mit einer geeigneten DNA-Sonden ergab in diesem Fall eine zusätzliche submikroskopische Rearrangierung des *HMGA2*-Gens (A). Myom mit einer komplexen klonalen Karyotypveränderung 46,XX,add(1)(p13)r(1)(?p36.3q25),add(7)(q22)der(10)t(1;10)(q25; q22)der(12)add(12)(p11.2)add(12)(q12),add(13)(q12), bei der ebenfalls mittels FISH eine *HMGA2*-Rearrangierung nachgewiesen wurde (aus Markowski et al., 2010b).

Tabelle 1: Karyotypen von 16 Myomen. Die Karyotypformeln der Myome sind nach ISCN (Shaffer et al., 2009) angegeben. Außerdem sind die RQ-Werte für die Expressionen von *HMGA2* und *p14^{Arf}* für die untersuchten 16 Myome sowie die RQ-Werte für die *HMGA2*-Expression in vier Lungenkarzinomen (AC: Adenomkarzinom; SCC: Plattenepithelkarzinom; vgl. Meyer et al., 2007) angegeben. Als Kalibrator diente normales Myometriumgewebe. ND: Nicht dokumentiert (aus Markowski et al., 2010b).

Laboratory no.	Karyotype	No. of additional metaphases checked for the aberrations (positive/negative)	*HMGA2* RQ value (tissue/culture)	*p19^{Arf}* RQ value (tissue/culture)
503	46,XX,inv(5)(q15q31~33),t(12;14)(q15;q24)[13]	58/0	9.075/327.974	5.164/7.42
523.2	45,XX,t(12;14)(q15;q24),der(14)t(12;14)(q15;q24),–22[15] Fig. 1C,D	100/0	74,402.695/2006.324	2.776/23.225
552.2	46,XX,t(2;12)(q33;q13)[17]	100/0	2,026.952/2451.841	0.185/14.533
643.2	46,XX,t(12;14)(q15;q24)[14]	73/0	3,187.464/295.096	0.548/2.997
646	46,XX,t(2;12)(p21;p13)[11] hidden rearrangement of HMGA2 detected by FISH Fig. 1A,B	99/1	11,146.819/389.983	17.229/4.723
677.3	46,XX,add(1)(p13),r(1)(?p36.3q25),add(7)(q22),der(10) t(1;10)(q25;q22),der(12)add(12)(p11.2)add12(q12), add(13)(q12)[20]/46,XX[3] Figs. 1E and 1F	ND	6,814.938/781.299	7.028/15.476
628.2	46,XX,?ins(12;14)(q15;q31q24)[5]/46,XX[14]	ND	2,641.862/121.667	8.737/13.646
556	46,XX,t(3;5;12)(q25;p14;q15)[15]	ND	9,713.64/622.528	1.323/5.766
580	46,XX,der(7)del(7)(p)del(7)(q).add(8)(q).add(10)(q), t(12;14)(q15;q24)[19]	ND	5,853.32/171.774	31.331/19.97
645	45,XX,r(1),der(13;14)(q10;q10)t(12;14)(q15;q24)[20]/ 44,XX,–1,der(13;14)(q10;q10)t(12;14)(q15;q24)[6]	ND	5,086.643/597.671	5.03/0.83
641	46,XX[12]	—	1.629/151.939	6.248/7.747
673.2	46,XX[12]	—	0.822/240.886	5.158/7.467
668.1	46,XX[12]	—	16.6/68.995	10.996/17.886
668.2	46,XX[12]	—	8.449/87.985	3.25/15.821
668.3	46,XX[12]	—	17.566/122.423	9.226/16.828
AC2	—	—	1.152	—
AC12	—	—	243.673	—
AC9	—	—	15,314.147	—
SCC4	—	—	788.485	—

Der Vergleich der HMGA2 mRNA-Level zwischen nativem Tumorgewebe und den korrespondierenden Zellkulturen ergab, dass alle Myome mit einem hohen *in vivo HMGA2*-Expressionslevel in Kultur eine drastische Reduktion ihres *HMGA2*-Levels zeigten, während bei nativem Gewebe mit niedrigen *HMGA2*-Leveln *in vitro* ein leichter Anstieg der Expression nachgewiesen wurde (Abb. 7A). Im Gegensatz dazu zeigte sich in den meisten Fällen ein signifikanter Anstieg der *p14^{Arf}*-Expression nach Inkulturnahme (Abb. 7B).

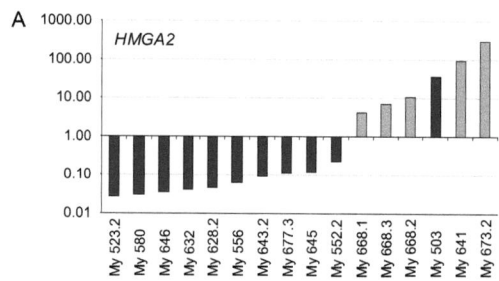

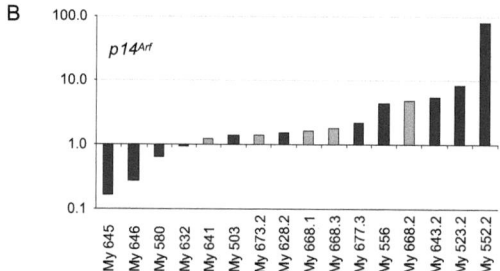

Abbildung 7: Änderungen der *HMGA2*- (A) und der *p14^Arf*-Expressionen (B) in Zellkulturen verglichen mit nativem Tumorgewebe in 16 Leiomyomen. Für die direkte Vergleichbarkeit ist der Logarithmus des Quotienten aus RQ$_{\text{natives Tumorgewebe}}$ und RQ$_{\text{Zellkultur}}$ angegeben (s. Tab.1). Schwarze Säulen: Myome mit 12q14~15 Rearrangierungen; graue Säulen: Myome mit normalem Karyotyp. Natives Myometriumgewebe (Expression=1) (aus Markowski et al., 2010b).

Dabei war die Stärke der *HMGA2*-Überexpression im nativen Gewebe positiv mit dem Grad des Absinkens der Expression in Kultur korreliert, so dass beide Gruppen von Myomen (12q14~15-rearrangiert und normaler Karyotyp) *in vitro* ähnliche *HMGA2* Expressionsniveaus zeigten. Weiterhin zeigten fast alle untersuchten Myome in Kultur einen Anstieg des p14^{Arf}-Levels.

Da neuronale Stammzellen *in vivo* ein Absinken der *HMGA2* Expression mit dem Spender-Alter zeigen (Nishino et al., 2008), haben wir vermutet, dass auch die *in vitro* Seneszenz von Myomzellen mit einem Absinken des *HMGA2*-Levels verbunden sein könnte. Zudem ergaben die Ergebnisse der oben dargestellten Untersuchungen (vergleiche Abb. 7) deutliche Differenzen zwischen der Situation *in vivo* und dem *in vitro* System. Daher sollte untersucht werden, wie sich der *HMGA2* Expressionslevel im Verlauf einer weiteren Kultivierung, also während der *in vitro* Seneszenz von Myomzellen, verändert. Aufgrund der von Nishino et al. (2008) postulierten Fähigkeit von HMGA2, den

CDKN2A-Lokus zu unterdrücken, wurde zusätzlich der Expressionslevel des Seneszenz-assoziierten Gens *p14^{Arf}* bestimmt. Dafür wurden Zellen eines 12q14~15 rearrangierten Myoms bis Passage 14 und Zellen eines Myoms mit normalem Karyotyp bis Passage 13 kultiviert und in verschiedenen Passagen die HMGA2, Ki-67 und die p14^{Arf} mRNA-Level bestimmt.

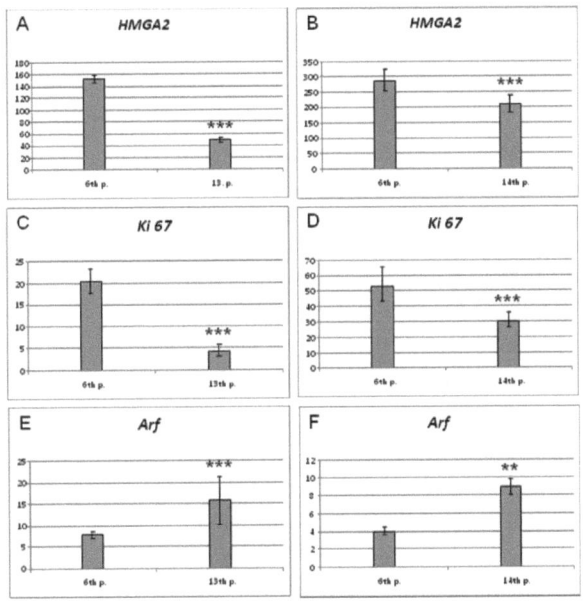

Abbildung 8: Die *in vitro* Seneszenz wird begleitet von einer Abnahme der *HMGA2*- und *Ki-67*-Expression, sowie einem simultanen Ansteigen der *p14^{Arf}*-Expression. Während der Langzeitkultivierung kommt es zu einer Abnahme des HMGA2-Levels ((A) Myom mit normalem Karyotyp; (B) Myom mit t(2;12)), sowie des Ki-67-Levels ((C) Myom mit normalem Karyotyp; (D) Myom mit t(2;12)) bei gleichzeitiger Zunahme des p14^{Arf}-Levels ((E) Myom mit normalem Karyotyp; (F) Myom mit t(2;12)). Natives Myometriumgewebe diente als Kalibrator (Expression = 1). ** = p < 0,01; *** = p < 0,001 (Markowski et al., 2011a).

Es konnte gezeigt werden, dass sowohl der HMGA2 mRNA-Level (Abb. 8A+B) als auch der Ki-67 mRNA-Level (Abb. 8C+D) während der *in vitro* Seneszenz von Myomzellen kontinuierlich abnehmen, während der p14^{Arf} mRNA-Level gleichzeitig ansteigt (Abb. 8E+F). Zusätzlich wurde in den einzelnen Passagen ein hochsignifikanter Zusammenhang zwischen der *HMGA2*-Expression und der Expression des Proliferationsmarkers *Ki-67* gefunden, während die Expression von *p14^{Arf}* negativ mit der von *Ki-67* korreliert war. Diese Ergebnisse deuten daraufhin, dass die *in vitro* Seneszenz von Myomen zumindest zum Teil auf antagonistischen Beziehungen zwischen HMGA2 und p14^{Arf} beruht und lassen, verbunden mit den vorherigen Ergebnissen (vergleiche Abb. 2-5), vermuten, dass auch *in vi*vo die Seneszenz zur Wachstumskontrolle von Myomen beiträgt. Generell könnte die Funktion eines intakten HMGA2-p14^{Arf}-MDM2-TP53-Netwerkes der Schutz des Genoms sein, was die extrem niedrige Tendenz von Myomen zur malignen Transformation (Hodge und Morton, 2007) erklären könnte.

Um zu überprüfen, ob das Gleichgewicht in der HMGA2-p14^{Arf}-MDM2-TP53-Achse zugunsten der Seneszenz und/oder der Apoptose gestört werden kann, wurden Zellkulturen von sieben Myomen mit Nutlin-3, einem MDM2-Inhibitor, behandelt.

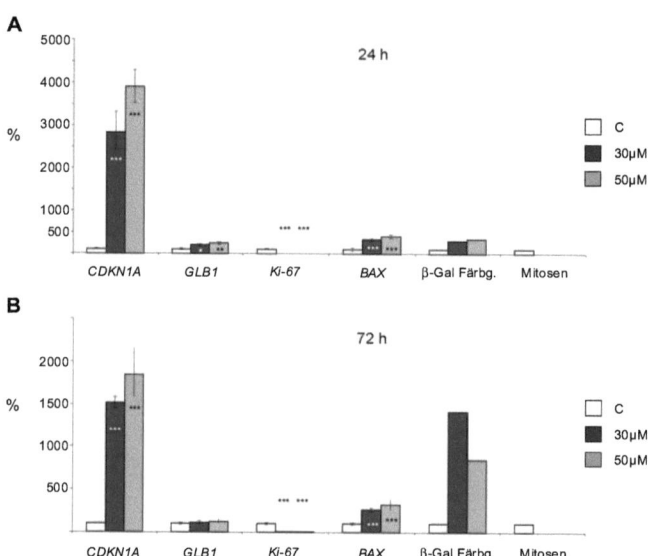

Abbildung 9: Die Behandlung von Myomzellkulturen mit dem MDM2-Inhibitor Nutlin-3 für 24h (A) und 72h (B) beeinflusst wichtige Seneszenz- und Apoptose-assoziierte Parameter. Für alle Analysen wurde die Kontrolle 100% gesetzt. Die Expressionen von *CDKN1A*, *GLB1*, *Ki-67* und *BAX* wurden mittels qRT-PCR bestimmt. Die Anzahl β-Galaktosidase-positiver Zellen (Gesamtzahl der überprüften Zellen: Kontrolle, 24h = 654; 30 µM Nutlin-3, 24h = 471; 50 µM Nutlin-3, 24h = 546; Kontrolle, 72h = 1446; 30 µM Nutlin-3, 72h = 222; 50 µM Nutlin-3, 72h = 510) sowie die Anzahl der Mitosen wurden mikroskopisch bestimmt. Statistisch signifikante Unterschiede für die qRT-PCR-Daten sind gekennzeichnet: * = $p < 0,05$; ** = $p < 0,01$; *** = $p < 0,001$ (Markowski et al., 2011a).

In der Tat wurden nach Nutlin-3-Behandlung signifikant erhöhte Expressionslevel der Seneszenz-assoziierten Gene *CDKN1A* und *GLB1*, sowie des pro-apoptotischen *BAX*-Gens gemessen. Gleichzeitig war die Expression des Proliferationsmarkers *Ki-67* signifikant erniedrigt (Abb. 9, Tab. 2).

Tabelle 2: Nutlin-3 beeinflusst die Expression sowohl von Seneszenz- und Apoptose-Markern als auch die Proliferation in Zellkulturen von sieben Myomen. Alle Expressionsänderungen nach 72stündiger Nutlin-3 Behandlung sind relativ zur Kontrolle (100%) angegeben. Statistisch signifikante Unterschiede sind gekennzeichnet: * = $p < 0{,}05$; ** = $p < 0{,}01$; *** = $p < 0{,}001$. n.s.: nicht signifikant (Markowski et al., 2011a).

Case no.	Age (years)	Tumor-size (cm)	Karyotype	CDKN1A 30 µM	CDKN1A 50 µM	BAX 30 µM	BAX 50 µM	GLB1 30 µM	GLB1 50 µM	Ki-67 30 µM	Ki-67 50 µM
0503-1	40	4.0	46,XX,inv(5)(q15q31~33),t(12;14)(q15;q24)	1693.0***	2356.7***	289.1*	326.8*	215.6*	320.2**	1.8***	2.0***
0628-2	57	1.5	46,XX,?ins(12;14)(q15;q31q24)[5]/46,XX	2106.6***	2432.4***	331.1**	411.5*	189.1n.s.	244.5n.s.	1.1***	1.5***
0632-1	47	4.0	46,XX,t(12;14)(q15;q24)[12]/46,XX, del(4)(q31or q32),der(10),t(10;14)(q24;q32),t(12;14)(q15;q24)	8982.9***	8142.1***	467.1***	593.1***	552.6*	548.1**	0.5***	0.8***
0646-1	47	9.5	46,XX,t(2;12)(p21;p13) FISH revealed a hidden HMGA2 rearrangement	391.7***	611.5***	117.9*	124.9***	132.8n.s.	202.4n.s.	6.2***	8.7***
0668-3 5.59***	57	2.5	46,XX	1515.1***	1841.1***	265.49***	322.22***	133.98**	125.1***	7.69***	
0686-2 10.4***	57	1.0	46,XX	745.1***	1189.2***	136.4*	162.4*	109.7n.s.	155.1n.s.	3.2***	
0691-1	55	0.8	46,XX	2122.8***	3172.6***	205.0***	268.2***	117.3n.s.	130.7	4.7***	6.6***
Average				2508.17	2820.8	258.87	315.59	207.30	246.59	3.6	5.08

Zusätzlich zeigte eine nach Nutlin-3 Behandlung durchgeführte β-Galaktosidase-Färbung, mit der seneszente Zellen aufgrund einer Substratumsetzung (Umsetzung des Substrates X-Gal durch β-Galaktosidase zu Galaktose und einem blauen Indigofarbstoff) von nicht-seneszenten Zellen unterschieden werden können, einen deutlichen Anstieg der Anzahl seneszenter Zellen mit beiden verwendeten Nutlin-3 Konzentrationen (30 µM und 50 µM) und nach beiden Inkubationszeiten (24h und 72h) (Abb. 10).

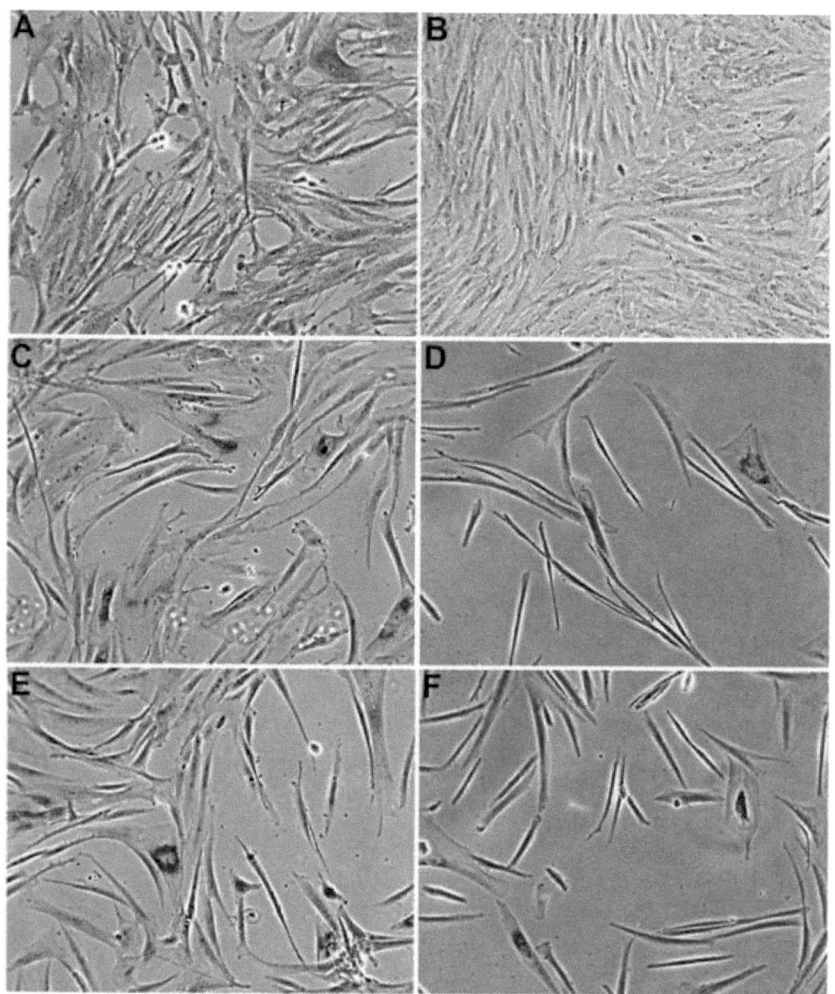

Abbildung 10: Eine *in situ* β-Galaktosidase-Färbung zeigt einen Anstieg von β-Galaktosidase-positiven Zellen (schwarz) nach Behandlung von Myomzellen mit dem MDM2-Antagonisten Nutlin-3. (A) Kontrolle, 24h; (B) Kontrolle, 72h; (C) 30 µM Nutlin-3, 24h; (D) 30 µM Nutlin-3, 72h; (E) 50 µM Nutlin-3, 24h; (F) 50 µM Nutlin-3, 72h (Markowski et al., 2011a).

Als Kontrolle wurden zwei SV40-immortalisierte Myomzelllinien ebenfalls mit Nutlin-3 behandelt und es konnten nur sehr schwache bis keine Effekte beobachtet werden (Abb. 11).

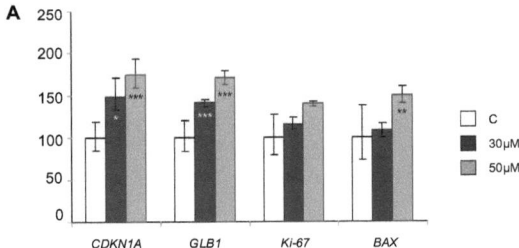

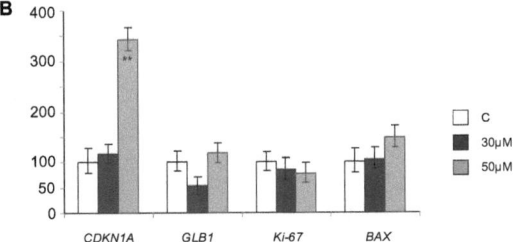

Abbildung 11: Zwei SV40-immortalisierte Myomzelllinien (A+B) zeigen eine drastisch reduzierte Nutlin-3-Sensitivität verglichen mit primären Myomzellen. Für alle Analysen wurde die Kontrolle 100% gesetzt. Die Expressionen von *CDKN1A*, *GLB1*, *Ki-67* und *BAX* wurden mittels qRT-PCR bestimmt. Statistisch signifikante Unterschiede sind angegeben: * = $p < 0,05$; ** = $p < 0,01$; *** = $p < 0,001$ (Markowski et al., 2011a).

Um zu überprüfen, ob diese beobachteten Nutlin-3-Effekte tatsächlich spezifisch auf die MDM2-Inhibition zurückzuführen sind, wurden anschließend Myomzellkulturen mit MDM2-spezifischen siRNAs behandelt. Und in der Tat führte auch die Verwendung dieser spezifischen siRNAs zu signifikant erhöhten *CDKN1A*- und *BAX*-Leveln, sowie zu signifikant erniedrigten Ki-67-Leveln (Abb. 12).

Um zu überprüfen, ob bei Myomen die p14^{Arf}-MDM2-TP53-Achse auch *in vivo* Apoptose auslöst, wurden an 29 nativen Myomgeweben die mRNA-Level von p14^{Arf}, CDKN1A und BAX bestimmt und hochsignifikante positive Korrelationen zwischen den Expressionen von *p14^{Arf}* und *BAX*, sowie zwischen *CDKN1A* und *BAX* gefunden (Abb. 13).

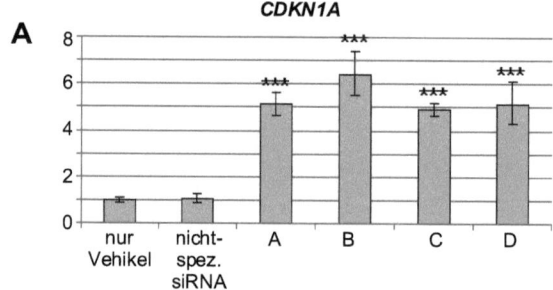

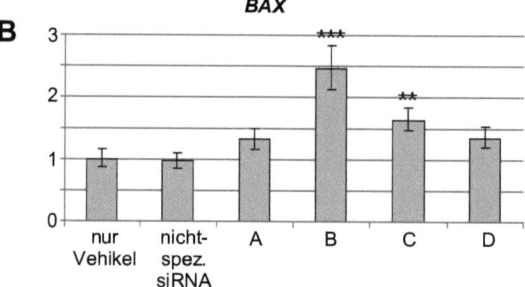

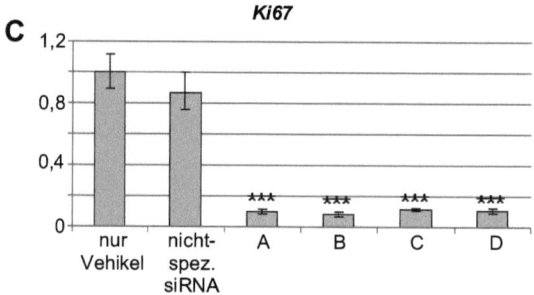

Abbildung 12: Eine *in vitro* Behandlung von Myomzellen durch vier verschiedene MDM2-spezifische siRNAs (Säulen A-D) bewirkt Veränderungen der Genexpressionen vergleichbar mit den von Nutlin-3 induzierten Expressionsänderungen. Die Expressionen von (A) *CDKN1A*, (B) *BAX* und (C) *Ki-67* wurden mittels qRT-PCR bestimmt. Zellen, die nur mit dem Vehikel bzw. mit nicht-spezifischer siRNA behandelt wurden, dienten als zwei Negativkontrollen. Für alle Analysen wurde die Expression der nur-Vehikel-Negativkontrolle 1 gesetzt. Statistisch signifikante Unterschiede verglichen mit der Kontrolle mit nicht-spezifischer siRNA sind angegeben: ** = $p < 0,01$; *** = $p < 0,001$ (Markowski et al., 2011a).

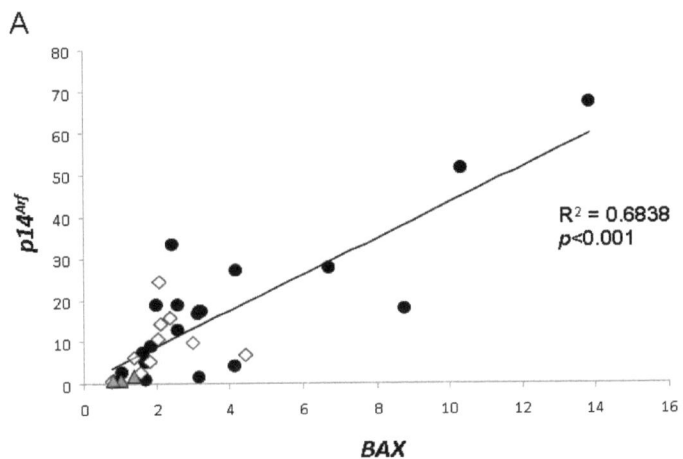

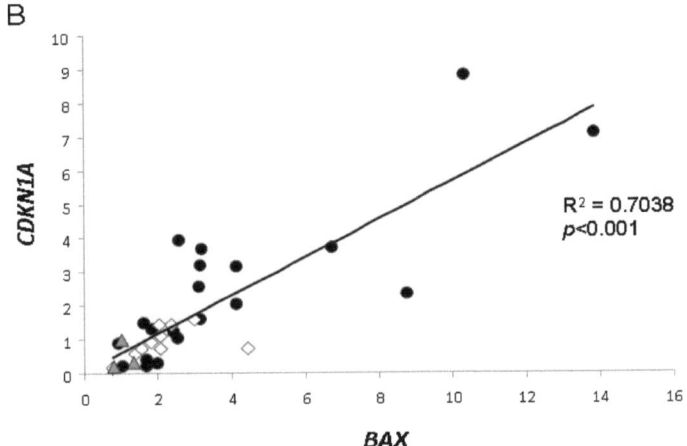

Abbildung 13: Hochsignifikante (p < 0,001) Korrelation zwischen der Expression von *BAX* und den Expressionen von *p14^{Arf}* und *CDKN1A*. (A) In Myometrium (graue Dreiecke, n = 3), Myomen mit normalem Karyotyp (weiße Rauten, n = 10) und Myomen mit 12q14~15-Rearrangierungen (schwarze Kreise, n = 18) existiert eine hochsignifikant positive Korrelation zwischen der Expression von *BAX* (X-Achse) und der Expression von *p14^{Arf}* (Y-Achse). (B) In denselben Proben besteht außerdem eine hochsignifikant positive Korrelation zwischen der *BAX*-Expression (X-Achse) und der *CDKN1A*-Expression (Y-Achse). Eine Myometrium-Probe diente als Kalibrator (Expression = 1) (Markowski et al., 2011a).

Nach den Ergebnissen der vorangegangenen Untersuchungen (vergleiche Abb. 8-13) interessierten wir uns für die Interaktion zwischen *HMGA2* und *p14^{Arf}* in mesenchymalen Stammzellen, also den mutmaßlichen Ursprungszellen von Uterus-Leiomyomen. Dazu wurden in verschiedenen Passagen von humanen ADSCs (adipose tissue-derived stem cells) und mesenchymalen Stammzellen aus der Plazenta die *HMGA2* und *p14^{Arf}* Expressionen gemessen.

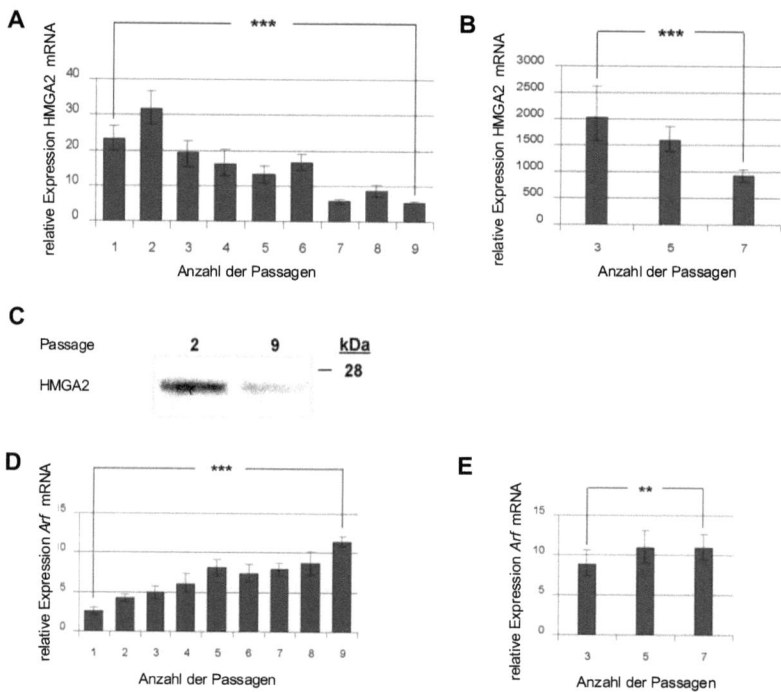

Abbildung 14: In humanen mesenchymalen Stammzellen nehmen die (A+B) HMGA2 mRNA-Expression, sowie (C) die HMGA2 Protein-Expression während der Passagierung kontinuierlich ab, während (D+E) die p14^{Arf} mRNA-Expression simultan ansteigt. (A) Abnahme der HMGA2 mRNA-Expression in humanen ADSCs und (B) in humanen Stammzellen aus der Plazenta während der *in vitro* Kultivierung. (C) Der Western Blot zeigt unterschiedliche Mengen des HMGA2-Proteins in humanen ADSCs der zweiten und neunten Passage. Steigende Expression von *p14^{Arf}* während der *in vitro* Kultivierung von (D) humanen ADSCs und (E) humanen Stammzellen aus der Plazenta. Statistisch signifikante Unterschiede sind angegeben: ** = $p < 0,01$; *** = $p < 0,001$ (Markowski et al., 2011b).

Wie erwartet fand sich auch hier eine inverse Korrelation zwischen den Expressionen der beiden Gene, d.h. während der HMGA2 mRNA-Level mit der Passagierung sank (Abb. 14A-C), stieg der p14^{Arf}-Level an (Abb. 14D+E). Die Genexpressionsuntersuchungen an nativem Tumorgewebe (vergleiche Abb. 2-5) hatten eine direkte Korrelation zwischen den Expressionen von *HMGA2* und *p14^{Arf}* ergeben, so dass HMGA2 eventuell nicht generell, wie von Nishino et al. (2008) postuliert, als Repressor von *p14^{Arf}* bzw. des *CDKN2A*-Lokus wirkt. Um den Einfluss von HMGA2 auf die *p14^{Arf}*-Expression zu überprüfen, wurde die *HMGA2*-Expression in humanen ADSCs durch FGF1 stimuliert.

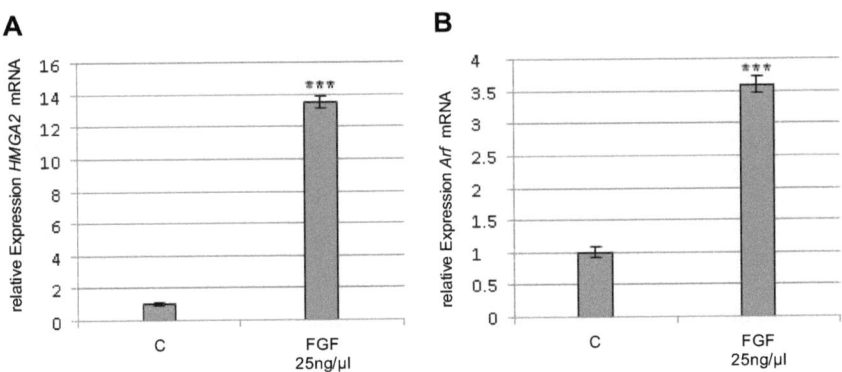

Abbildung 15: Nach der Stimulation von humanen ADSCs durch FGF1 für 12h steigen die Expressionen von *HMGA2* und von *p14^{Arf}* signifikant an. (A) Expression von HMGA2 mRNA nach FGF1-Stimulation. (B) Expression von p14^{Arf} mRNA nach FGF1-Stimulation. Statistisch signifikante Unterschiede sind angegeben: *** = $p < 0{,}001$ (Markowski et al., 2011b).

Interessanterweise war neben dem induzierten HMGA2-Anstieg (Abb. 15A) kein Absinken der *p14^{Arf}*-Expression, sondern ein hochsignifikanter Anstieg des p14^{Arf}-Levels (Abb. 15B) zu beobachten. Um die inverse Korrelation der beiden Genexpressionen während der *in vitro* Seneszenz zu erklären, wurde in humanen ADSCs die p14^{Arf}-mRNA durch spezifische siRNAs inhibiert.

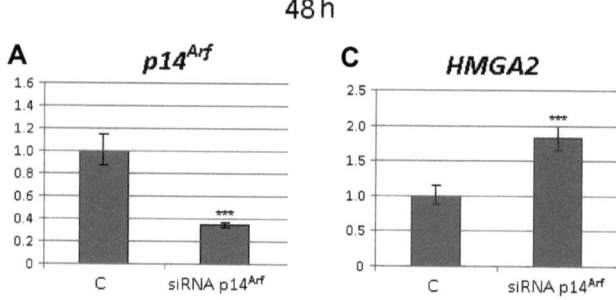

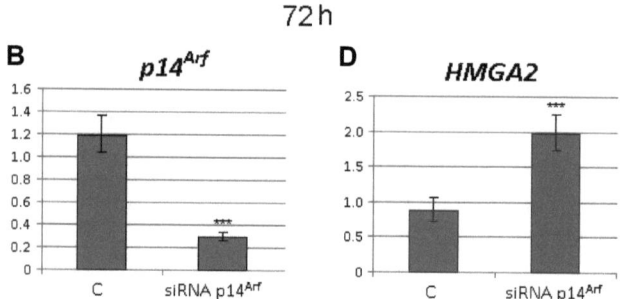

Abbildung 16: Inhibition von p14^{Arf} in humanen ADSCs mittels siRNA-Interferenz führt zu einem Anstieg der *HMGA2*-Expression. siRNA-Silencing von p14^{Arf} führt zu einem hochsignifikanten Absinken der p14^{Arf}-mRNA in den Zellen nach (A) 48h und nach (B) 72h, sowie zu einem hochsignifikanten Anstieg der HMGA2-mRNA nach (C) 48h und nach (D) 72h. C: Negativkontrolle. Statistisch signifikante Unterschiede sind angegeben: *** = $p < 0{,}001$ (Markowski et al., 2011b).

Mit dem Absinken des p14^{Arf}-mRNA-Levels (Abb. 16A+B) konnte ein hochsignifikanter Anstieg der *HMGA2*-Expression (Abb. 16C+D) gemessen werden. Anschließend wurden, um eine mögliche Beteiligung des p53-Pathways an der p14^{Arf}-vermittelten HMGA2-Repression zu überprüfen, Zellkulturen caniner ADSCs mit Nutlin-3 behandelt, was neben einer erhöhten Anzahl von β-Galaktosidase-positiven Zellen (Abb. 17A-C) und dem erwarteten hochsignifikanten Anstieg der Expression von *CDKN1A* (Abb. 17D) und *MDM2* (Abb. 17E) auch zu einem signifikanten Absinken der *HMGA2*-Expression führte (Abb. 17F).

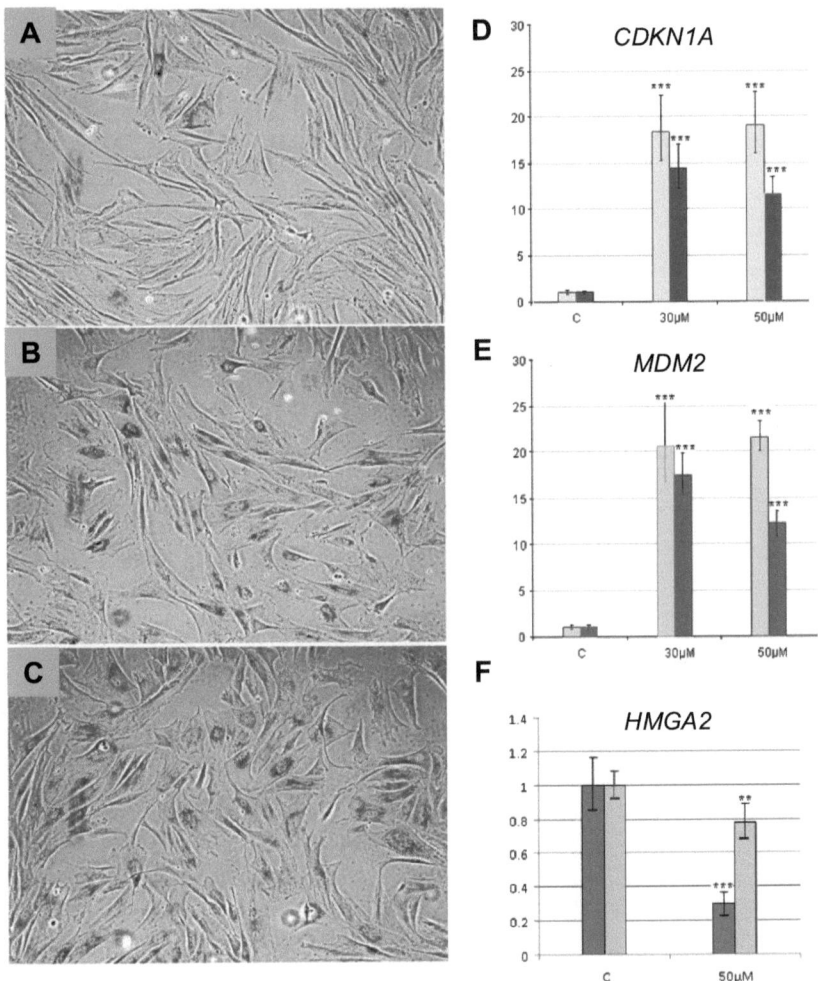

Abbildung 17: Eine Behandlung von ADSCs mit dem MDM2-Antagonisten Nutlin-3 induziert Seneszenz und führt gleichzeitig zu einem Absinken der *HMGA2*-Expression. (A-C) Die β-Galaktosidase-Färbung zeigt einen Anstieg von β-Galaktosidase-positiven Zellen (schwarz) nach Behandlung mit Nutlin-3. (A) Kontrolle ohne Nutlin-3, (B) 30 µM Nutlin-3, (C) 50 µM Nutlin-3. Anstieg der (D) *CDKN1A*-Expression und der (E) *MDM2*-Expression, sowie (F) Absinken der *HMGA2*-Expression nach Behandlung der Zellen mit Nutlin-3. Hell und dunkel gefärbte Säulen repräsentieren Zellen von zwei verschiedenen Patienten. Die Expressionen der Kontrollen wurden 1 gesetzt. Statistisch signifikante Unterschiede sind angegeben: ** = $p < 0{,}01$; *** = $p < 0{,}001$ (Markowski et al., 2011b).

In einem weiterführenden Versuch wurde daraufhin in caninen ADSCs die *HMGA2*-Expression mittels FKS induziert. Eine zusätzliche Behandlung mit Nutlin-3 führte zu einer hochsignifikanten Reduktion des HMGA2-Anstieges bei gleichzeitigem Ansteigen der *CDKN1A*- und *MDM2*-Expressionen (Abb. 18).

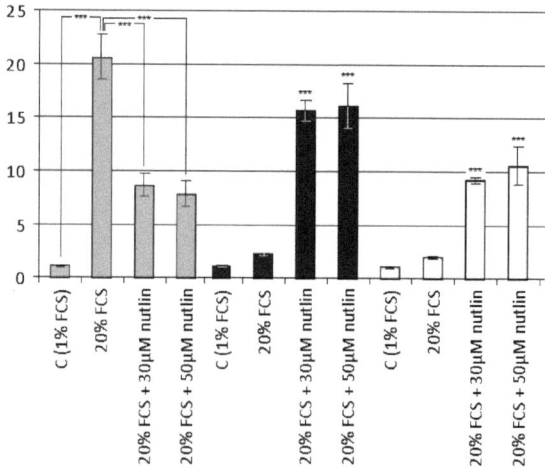

Abbildung 18: Eine Stimulation von caninen ADSCs durch 20% FKS für 6h führt zu einem hochsignifikanten Anstieg der *HMGA2*-Expression, welcher bei Anwesenheit von Nutlin-3 unterdrückt wird. Nach Stimulation von Zellkulturen durch Wechsel von 1% auf 20% FKS kommt es zu einem signifikanten Anstieg der *HMGA2*-Expression (graue Säulen); bei Anwesenheit von Nutlin-3 wird dieser Anstieg signifikant reduziert. Gleichzeitig steigt die Expression von *CDKN1A* (schwarze Säulen) und *MDM2* (weiße Säulen) signifikant an. Statistisch signifikante Unterschiede zwischen den mit FKS stimulierten Kulturen und den Kulturen mit zusätzlicher Nutlin-3 Behandlung sind angegeben: *** = $p < 0,001$ (Markowski et al., 2011b).

Die Feststellung, dass Nutlin-3 in der Lage ist, in Myomzellen Seneszenz und Apoptose zu induzieren (vergleiche Abb. 8-13), verbunden mit der Beobachtung, dass native Myome signifikant höhere Level $p14^{Arf}$ als Myometrium exprimieren (vergleiche Abb. 2) führte zu der Frage, ob Myome aufgrund dieser höheren $p14^{Arf}$ Level eine höhere Sensitivität gegen Nutlin-3 zeigen als zugehöriges Myometrium und die MDM2-Inhibition somit klinische Relevanz für die Therapie von Myomen haben könnte. Um zunächst zu überprüfen, ob Gewebeexplantate von Myomen, ebenso wie die Myom-

Zellkulturen, mit erhöhter Seneszenz und Apoptose auf eine MDM2-Inhibition reagieren, wurden Gewebestücke von vier Myomen (Tab. 3) mit Nutlin-3 behandelt.

Tabelle 3: Patientenalter, Tumorgröße und Karyotypen zu den untersuchten Myomexplantaten.

Fallnr.	Alter	Tumorgröße [cm]	Karyotyp
0501-1	48	8.0	46,XX[36]
0503-1	40	4.0	46,XX,inv(5)(q15q31~33),t(12;14)(q15;q24)[13]
0504-1	43	2.0	46,XX[11]
0515-1	46	3.0	n.d.
0529-1	44	7.0	46,XX[12]
0529-2	44	5.0	46,XX[14]
0533-1	41	6.0	46,XX,r(1),t(1;12;14)(p36.3;q14;q24)[19]
0535-1	43	5.0	47,XX,+10[2]/46,XX[10]
0535-2	43	4.0	46,XX,t(8;11)(p23;q13.1)[6]/47,XX,+12[2]/46,XX[15]
0535-3	43	3.0	46,XX[7]
0535-4	43	2.0	46,XX[15]
0535-5	43	2.0	46,XX,del(7)(q11.2?)[2]/46,XX[12]
0538-4	36	3.0	46,XX[6]
0540-1	49	4.0	46,XX[10]
0540-2	49	N/A	46,XX[4]
0541-1	37	7.0	46,XX,t(12;14)(q15;q24)[5]/46,XX[9]
0545-1	47	5.0	46,XX,t(12;14)(q15;q24)[9]/46,XX[3]
0549-2	49	3.5	46,XX[10]
0549-3	49	4.0	46,XX[10]
0549-4	49	6.0	48,XX,+der(6),-8,+11,+mar[11]
0556-1	42	5.0	46,XX,t(3;5;12)(q25;p14;q15)[11]/45,XX,t(3;5;12)(q25;p14;q15),-22[10]
0557-1	38	1.0	46,XX[10]
0561-1	44	15.0	n.d.
0579-1	49	1.5	46,XX,t(12;15;14)(q15;q26;q24)[20]
0583-1	40	5.5	46,XX[16]

Fortsetzung Tab. 3

0583-1	40	5.5	46,XX[16]
0596-1	49	8.5	46,XX,ins(2;12)(q34 or q35;q24.3 or q24.1q13),inv(4)(q27q31.3)[22]
0628-1	57	4.0	46,XX,t(2;4)(q33;q25)[14]
0628-2	57	1.5	46,XX,?ins(12;14)(q15;q31q24)[5]/46,XX[14]
0632-1	47	4.0	46,XX,t(12;14)(q15;q24)[12]/46,XX,del(4)(q31orq32),der(10),?t(10;14)(q24;q32),t(12;14)(q15;q24)[9]
0635-1	48	N/A	46,XX,der (10),del(12)(q13 or q14) [18]
0643-1	52	1.0	n.d.
0643-2	52	6.0	46,XX,t(12;14)(q15;q24)[14]
0643-3	52	2.0	46,XX[12]
0646-1	47	9.5	46,XX,t(2;12)(p21;p13)[11]
0649-1	42	2.0	46,XX[14] remark: 46,XX,der(14)t(12;14) as single cell aberration
0653-1	50	1.0	46,XX[14]
0653-2	50	1.5	46,XX[15]
0653-3	50	2.5	46,XX[10]
0654-1	43	3.0	46,XX[8]
0654-2	43	2.3	47,XX,+12[4]/46,XX[12]
0654-3	43	1.8	46,XX[14]
0668-1	57	3.0	46,XX [10]
0668-2	57	2.0	46,XX [11]
0668-3	57	2.5	46,XX [7]
0673-2	45	3.0	46,XX[13]
0681-1	48	7.5	45,XX,der(1)(?)t(1;14)(p36.3;q24),der(1)del(1)(q32)?t(1;11)(p36.1;q13),del(3)(q26),add(6)(p21.3),-10,-11,del(12)(q24.1),der(14)t(6;14)(p21.3;q24),add(19)(q13.4),+r [20]
0682-1	69	1.5	46,XX[16]
0682-2	69	1.0	46,XX[38]
0683-1	47	6.0	46,XX,del(7)(q22q32)[5]/46,XX[3]
0683-2	47	1.0	46,XX[21]
0686-1	57	6.0	n.d.
0686-2	57	1.0	46,XX[20]
0686-3	57	1.0	46,XX[13]
0687-1	N/A	1.0	46,XX,der(10)add(10)(p)add(10)(q)[3]/46,XX[15]
0694-2	N/A	9.0	n.d.
0695-1	68	2.5	n.d.
0695-2	68	6.0	n.d.
0695-3	68	1.0	n.d.
0700-1	N/A	1.5	46,XX[11]

Es konnten hochsignifikant erhöhte *CDKN1A* und *BAX* Expressionen, sowie verringerte mRNA-Level von Ki-67 gemessen werden (Abb. 19).

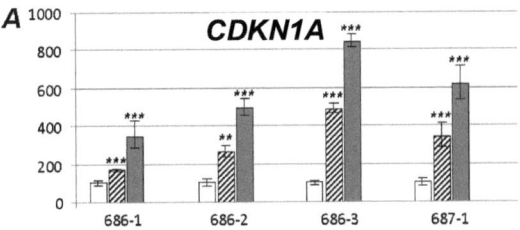

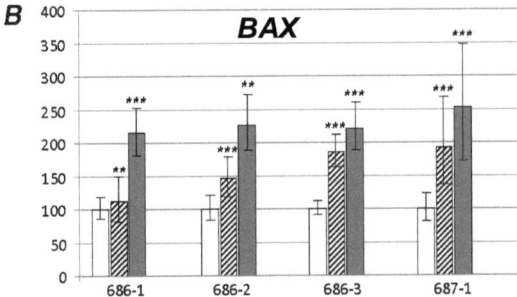

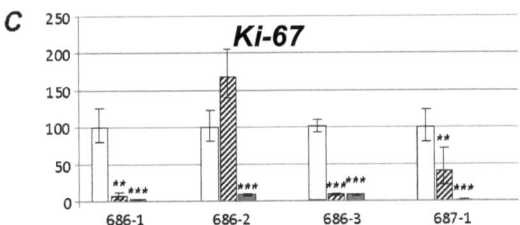

Abbildung 19: Gewebeexplantate von Myomen (s. Tab. 3) zeigen eine Nutlin-3 Sensitivität zu erkennen an den erhöhten Expressionen von (A) *CDKN1A* und (B) *BAX*, sowie (C) an der erniedrigten Expression von *Ki-67* nach 72h Nutlin-3 Behandlung. Die Expression der Kontrollen (weiße Säulen) wurde 100% gesetzt. Gestrichelte Säulen: 3 µM Nutlin-3, graue Säulen: 10 µM Nutlin-3. Statistisch signifikante Unterschiede zwischen den mit FKS stimulierten Kulturen und den Kulturen mit zusätzlicher Nutlin-3 Behandlung sind angegeben: ** = $p < 0{,}01$; *** = $p < 0{,}001$ (Markowski et al., 2011, im Druck).

An einem weiteren Explantat wurde ein Western-Blot mit einem p53-Antikörper durchgeführt und ergab höhere p53 Proteinkonzentrationen nach Nutlin-3-Behandlung (Abb. 20).

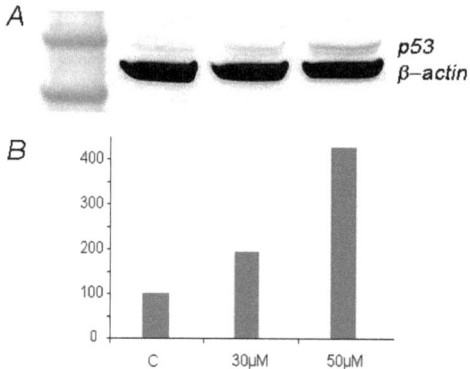

Abbildung 20: Konzentrationsabhängiger Anstieg der p53-Menge in Myomexplantaten nach Nutlin-3 Behandlung (Western Blot-Analyse). (A) p53-Western Blot-Analyse eines für 72h mit 30μM und 50μM Nutlin-3 behandelten Myomexplantats (Fall 700-1) zeigt einen konzentrationsabhängigen Anstieg der p53-Menge. Lane 1: Marker, Lane 2: Kontrolle ohne Nutlin-3, Lane 3: 30 μM Nutlin-3, Lane 4: 50 μM Nutlin-3 (von links nach rechts). (B) p53 Proteinexpression bestimmt mittels ImageJ gegen Beta-Aktin. C = Kontrolle: 100% (Markowski et al., 2011, im Druck).

Anschließend wurde die Beobachtung, dass Myome höhere p14^{Arf} Level aufweisen als Myometrium, die an einer kleinen Serie von acht Myometrien gemacht wurde (vergleiche Abb. 2), an einer größeren Serie von Myomen und zugehörigen Myometrien (52 bzw. 31) überprüft und bestätigt. Die Myome exprimierten im Durchschnitt 10-fach höhere p14^{Arf} Level als die zugehörigen Myometrien (Abb. 21). Um die Theorie zu überprüfen, dass Myome sensitiver auf eine Nutlin-3 Behandlung reagieren als Myometrium, wurden Gewebeexplantate von fünf Myomen und Explantate der zugehörigen Myometrien mit verschiedenen Konzentrationen (3 μM und 10 μM) von Nutlin-3 behandelt. Alle Myome zeigten anschließend höhere CDKN1A mRNA-Level als das jeweilig zugehörige Myometrium (Abb. 22A+B). Auch die *BAX* Expression war nach Nutlin-3-Zugabe in den Myomen in der Regel höher; zwei Myometrien zeigten allerdings nach Inkubation mit der höheren Nutlin-3 Konzentration höhere BAX Level als die entsprechenden Myome (Abb. 22C+D).

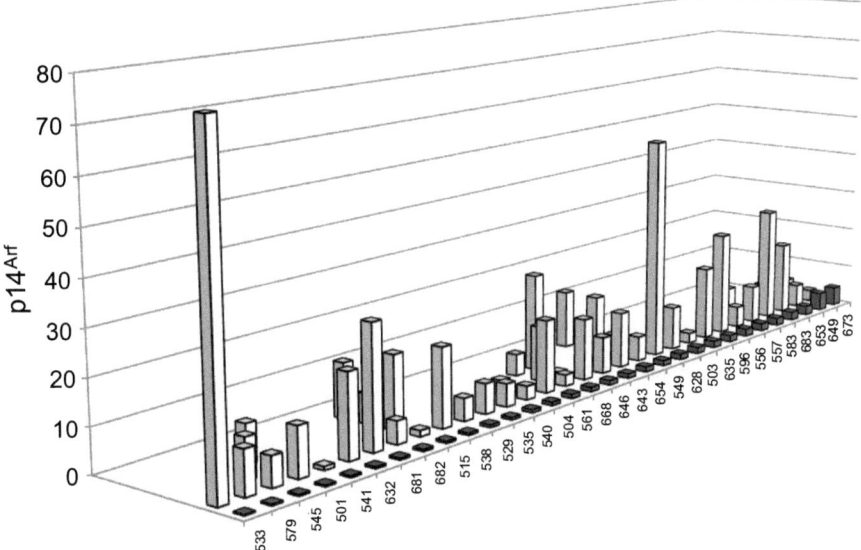

Abbildung 21: Myome exprimieren in der Regel höhere p14^Arf-Level als das zugehörige Myometrium. Die Säulen jeder Reihe zeigen die relative *p14^Arf*–Expression im Myometrium (schwarze Säulen) und den dazugehörigen Myomen (weiße Säulen) jeweils einer Patientin. Die Fallnummern unter den Reihen beziehen sich auf Tab. 3 (Markowski et al., 2011, im Druck).

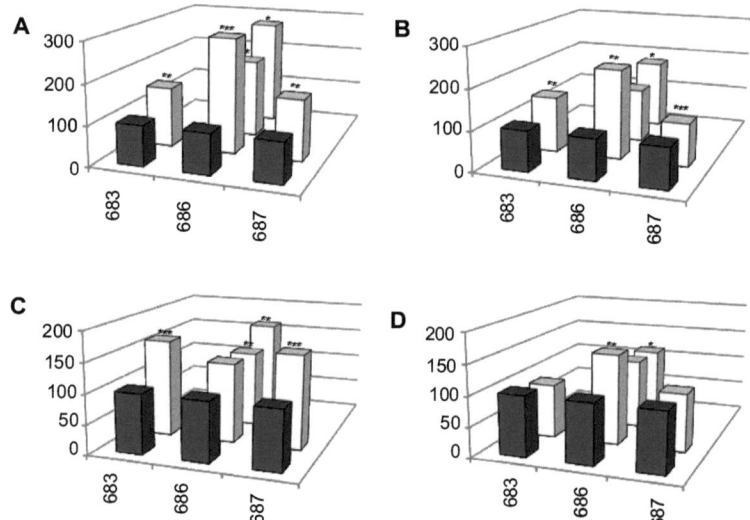

Abbildung 22: Myome zeigen in der Regel eine höhere Nutlin-3 Sensitivität als das zugehörige Myometrium. Fünf Myomexplantate von drei Patientinnen wurden auf ihre Nutlin-3 Sensitivität nach Inkubation für 72h mit (A+C) 3 µM und (B+D) 10 µM Nutlin-3 untersucht. Als Indikatoren für die Sensitivität wurden die Expressionen von (A+B) *CDKN1A* und (C+D) *BAX* mittels qRT-PCR gemessen. Das Myometrium (schwarze Säulen) wurde jeweils 100% gesetzt und die Expressionen der zugehörigen Myome (weiße Säulen) beziehen sich auf diesen Wert. Die Fallnummern unter den Reihen beziehen sich auf Tab. 3. Statistisch signifikante Unterschiede zwischen den mit FKS stimulierten Kulturen und den Kulturen mit zusätzlicher Nutlin-3 Behandlung sind angegeben: * = $p < 0,05$; ** = $p < 0,01$; *** = $p < 0,001$ (Markowski et al., 2011, im Druck).

Eine an verschiedenen mit Nutlin-3 behandelten Myomexplantaten und den zugehörigen Myometriumexplantaten durchgeführte p53-Immunhistochemie bestätigte die höhere Sensitivität von Myomen gegenüber Nutlin-3 verglichen mit Myometrium. Zusätzlich konnte eine Konzentrationsabhängigkeit der Nutlin-3 Effekte gezeigt werden (Tab. 4).

Um zu überprüfen, ob sich die Genexpressionsprofile für *CDKN1A*, *BAX* und *Ki-67* nach einer längeren MDM2 Inhibition verändern oder ob sich Resistenzen der Zellen entwickeln, wurden drei Myomen und das zugehörige Myometrium einer Patientin für sechs Tage mit drei verschiedenen Nutlin-3 Konzentrationen (3 µM, 10 µM und 30 µM) inkubiert.

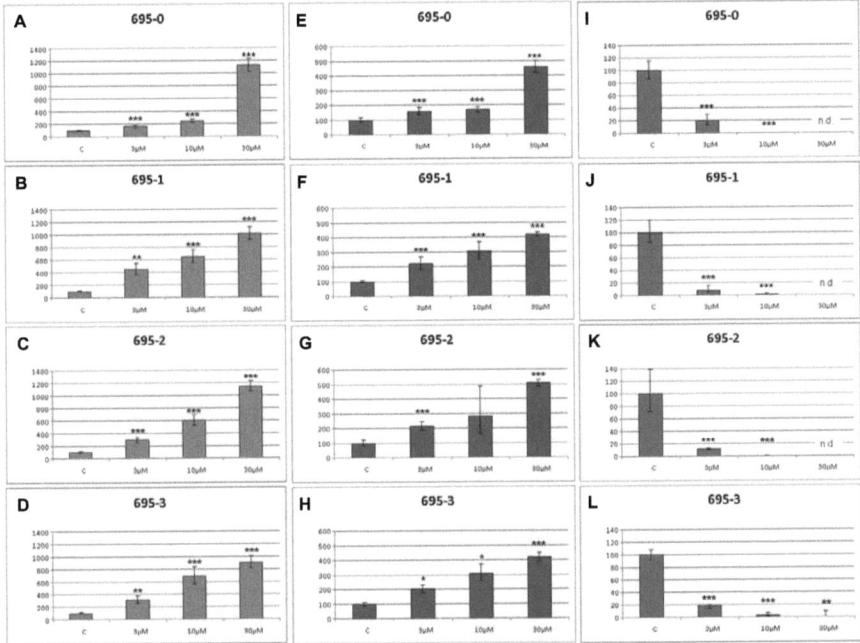

Abbildung 23: Myomexplantate zeigen nach langzeitiger MDM2-Inhibition keine Anzeichen einer Resistenzentwicklung. Nach sechstägiger Inkubation von Myomexplantaten mit verschiedenen Nutlin-3 Konzentrationen können mittels qRT-PCR konzentrationsabhängige Erhöhungen der Expressionen von (A-D) *CDKN1A* und (E-H) *BAX*, sowie eine reduzierte Expression von (I-L) *Ki-67* festgestellt werden. Die Kontrollen (=C, ohne Nutlin-3) wurden jeweils 100% gesetzt. Die Fallnummern unter den Reihen beziehen sich auf Tab. 3. Untersucht wurden eine Myometrium-Probe (A,E,I) und drei Myome einer Patientin. Statistisch signifikante Unterschiede zwischen den mit FKS stimulierten Kulturen und den Kulturen mit zusätzlicher Nutlin-3 Behandlung sind angegeben: * = p < 0,05; ** = p < 0,01; *** = p < 0,001. n.d.: nicht detektierbar (Markowski et al., 2011, im Druck).

Tabelle 4: Behandlung von Myomexplantaten mit Nutlin-3 resultiert in einem konzentrationsabhängigen Anstieg von p53-positiven Zellen sowie in einem Anstieg der Färbungsintensität (bestimmt mittels Immunhistochemie). Für weitere Informationen zu den untersuchten Tumoren s. Tab. 3.

#case	treatment	duration of treatment	number of p53-positive cells	intensity
0694-2	control	72 h	11	0 - 1
	10 µM nutlin-3		393	2
	30 µM nutlin-3		1,277	3
0695-0	control	6 days	0	0
	10 µM nutlin-3		11	1
	30 µM nutlin-3		188	1
0695-1	control		0	0
	10 µM nutlin-3		42	0 - 1
	30 µM nutlin-3		89	1
0695-2	control		0	0
	10 µM nutlin-3		194	1 - 2
	30 µM nutlin-3		799	3
0695-3	control		0	0
	10 µM nutlin-3		770	3
	30 µM nutlin-3		1,493	3
0687-0	control	72 h	0	0
	10 µM nutlin-3		2	1
	30 µM nutlin-3		257	2
0687-1	control		0	0
	10 µM nutlin-3		398	2
	30 µM nutlin-3		n.d.	n.d.

Tatsächlich zeigten die Ergebnisse auch nach langzeitiger Exposition mit Nutlin-3 einen deutlichen Effekt des Inhibitors. Die *CDKN1A*- und die *BAX*-Expressionen waren signifikant erhöht, während die Expression von *Ki-67* signifikant reduziert war. Die Effekte waren dabei konzentrationsabhängig. Weitergehend konnten deutliche Differenzen zwischen der Sensitivität von Tumor und entsprechendem Myometrium nachgewiesen werden (Abb. 23), was die generell höhere Sensitivität der Tumoren verglichen mit ihrem Ursprungsgewebe, dem Myometrium, bestätigt.

4 Diskussion

Bisher existieren noch keine geeigneten medikamentösen Therapieansätze zur dauerhaften Behandlung von Uterus-Leiomomen, so dass beim Vorliegen symptomatischer Myome die chirurgische Entfernung noch immer die häufigste Behandlungsmethode darstellt und allein in den USA zu jährlich ca. 200.000 Hysterektomien führt (Wilcox et al., 1994; Wilcox et al., 1995; Farquhar und Steiner, 2002; Walker und Stewart, 2005). Bisherige Ansätze zur Entwicklung innovativer Therapien beruhen in der Regel darauf die Mechanismen des Myomwachstums zu untersuchen, wobei die hormonelle Wachstumsinduktion dabei im Vordergrund steht (Cook und Walker, 2004; Sankaran und Manyonda, 2008; Lethaby und Vollenhoven, 2008). In der vorliegenden Arbeit wurde hingegen ein Ansatz gewählt, der darauf beruht, Mechanismen des Wachstumsstopps von Myomen zu identifizieren, um daraus dann mögliche neue therapeutische Zielmoleküle abzuleiten. Die Ergebnisse deuten auf eine zentrale Rolle des $p14^{Arf}$-MDM2-TP53-Signalweges bei der Wachstumskontrolle von Myomen hin und bestätigen damit die Vermutung, dass die onkogen-induzierte Seneszenz (OIS) bei Myomen einen wichtigen wachstumslimitierenden Faktor darstellt. Die OIS führt über die Aktivierung des *CDKN2A*-Lokus zum Wachstumsarrest und ist für den bei benignen und prämalignen Tumoren häufig beobachteten Wachstumsstopp verantwortlich (Michaloglou et al., 2005; Collado et al., 2005; Chen et al., 2005; Braig et al., 2005; Mooi und Peeper, 2006; Mooi, 2009).

Daher ergab sich für die vorliegende Arbeit zunächst die Fragestellung, ob die OIS auch an der Wachstumskontrolle von Myomen beteiligt ist. Der *CDKN2A*-Lokus ist auf Chromosom 9p21 lokalisiert und kodiert für die Zellzyklusinhibitoren $p14^{Arf}$ und $p16^{Ink4a}$, deren Expression über unterschiedliche Signalwege einen Zellzyklusarrest bedingt und somit zur Seneszenz führt oder Apoptose auslöst (Lowe und Sherr, 2003; Kim und Sharpless, 2006). *$p14^{Arf}$* und *$p16^{Ink4a}$* besitzen zwar dasselbe zweite und dritte Exon, unterscheiden sich aber in ihrem ersten Exon und werden von unterschiedlichen Promotoren reguliert. Zusätzlich sind die beiden Proteine in unterschiedlichen Leserastern kodiert, so dass $p14^{Arf}$ und $p16^{Ink4a}$ keine Isoformen sind und auch keine Aminosäurehomologien besitzen (Kim und Sharpless, 2006) (Abb. 24). Die beiden vom

CDKN2A-Lokus kodierten Proteine stehen in Verbindung mit der Suppression von neoplastischem Wachstum. Der CDKN2A-Lokus gehört zu den bei humanen malignen Tumoren am häufigsten inaktivierten Loci (Lowe und Sherr, 2003). Mäuse mit einer homozygoten Deletion dieses Lokus entwickeln schon früh spontane Tumoren und reagieren, verglichen mit Wildtyp-Mäusen oder Mäusen mit einer heterozygoten Deletion des CDKN2A-Lokus, höchst sensitiv auf karzinogene Behandlungen mit 9,10-Dimethyl-1,2-benzanthracen (DMBA) (Serrano et al., 1996), einem starken Karzinogen und Mutagen, das mit der DNA kovalente Addukte bildet (DiGiovanni, 1991), so dass sie schon nach einmaliger Exposition Tumoren entwickeln (Serrano et al., 1996).

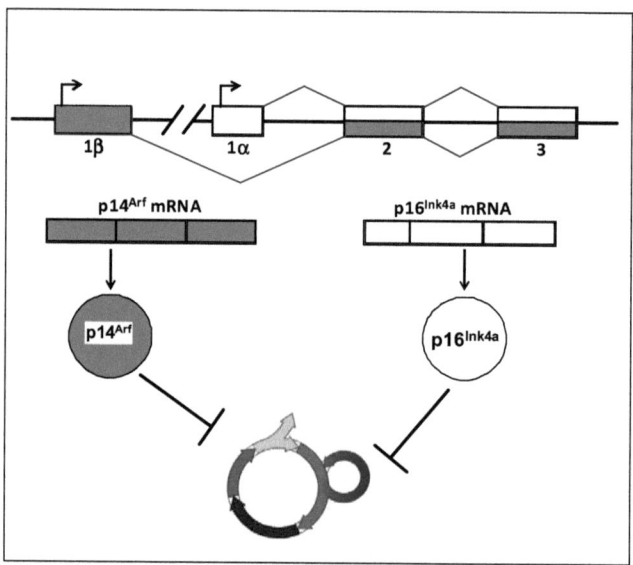

Abbildung 24: Aufbau des CDKN2A-Lokus auf Chromosom 9p21. Die beiden Gene $p14^{Arf}$ und $p16^{Ink4a}$ unterscheiden sich in ihrem ersten Exon (Exon 1β bei $p14^{Arf}$ und Exon 1α bei $p16^{Ink4a}$) und werden außerdem von unterschiedlichen Promotoren reguliert, besitzen aber beide dasselbe zweite und dritte Exon. Allerdings weisen die mRNAs unterschiedliche Leseraster auf, so dass es zur Expression zweier strukturell verschiedener Proteine kommt, die über unterschiedliche Signalwege den Zellzyklus inhibieren und Seneszenz oder Apoptose auslösen.

Eine Studie von Laser et al. (2010) deutete bereits auf eine Beteiligung der Seneszenz an der Wachstumskontrolle von Myomen hin. Es konnte gezeigt werden, dass Myome verglichen mit dem zugehörigen Myometrium eine erhöhte Seneszenz, gemessen am Anteil β-Galaktosidase positiver Zellen, aufweisen. Allerdings wurde in der Studie lediglich die Expression von $p16^{Ink4a}$ also von nur einem der beiden vom *CDKN2A*-Lokus kodierten Gene bestimmt und kein Zusammenhang zwischen der $p16^{Ink4a}$ Expression und dem Seneszenz-Level festgestellt, so dass eine Beteiligung des $p16^{Ink4a}$-Rb-Seneszenz-Signalweges am Wachstumsverhalten von Myomen ausgeschlossen wurde (Laser et al., 2010).

In der vorliegenden Arbeit wurde deshalb die Expression des zweiten vom *CDKN2A*-Lokus kodierten Gens ($p14^{Arf}$) in einer Serie von Myomen und Myometrien bestimmt und es konnte gezeigt werden, dass $p14^{Arf}$ in Myomen im Vergleich zum Myometrium überexprimiert wird (Markowski et al., 2010a; Markowski et al., 2011, im Druck). Zudem wurde eine hochsignifikant positive Korrelation zwischen der $p14^{Arf}$-Expression und der Expression des Seneszenz-assoziierten *CDKN1A*-Gens, einem direkten Target von p53, gefunden. Diese Ergebnisse deuten auf eine Beteiligung der p53-abhängigen Seneszenz an der Wachstumskontrolle von Myomen hin und erklären somit die von Laser et al. (2010) beschriebene erhöhte Seneszenz in den Myomen gegenüber den zugehörigen Myometrien (Laser et al., 2010).

Vor kurzem wurde in einer Studie von Nishino et al. (2008) vermutet, dass HMGA2 die Seneszenz-assoziierten Gene des *CDKN2A*-Lokus reprimiert. HMGA2-Proteine gehören zur high mobility group A Familie und sind chromosomale Nicht-Histon-Proteine, die als architektonische Transkriptionsfaktoren fungieren, indem sie die DNA-Konformation ändern und so die Genexpression regulieren. Auf diese Weise beeinflussen sie verschiedene biologische Prozesse, wie Zellwachstum, Proliferation, Differenzierung und Zelltod (Cleynen und van de Ven, 2008). HMGA2 wird in undifferenzierten Zellen während der Embryonalentwicklung stark exprimiert und während der Differenzierung herunterreguliert (Zhou et al., 1995; Hirning-Folz et al., 1998). Während es in normalem adulten Gewebe kaum detektierbar ist (Cleynen und Van de Ven, 2008), wird es in Stammzellen stark exprimiert und mit deren Selbsterneuerungskapazität in Verbindung gebracht (Li et al., 2006; Li et al., 2007; Nishino et al., 2008). Darüber hinaus können HMGA2-Proteine die Tumorgenese fördern (Takaha et al., 2004) und werden in einer

Vielzahl von benignen und malignen Tumoren, vor allem mesenchymaler Herkunft, überexprimiert (Schoenmakers et al., 1995; Fusco und Fedele, 2007).

Da Myome generell höhere HMGA2-Level aufweisen als normales Myometrium (Klemke et al., 2009), scheint es verwunderlich, dass sowohl in der Studie von Laser et al. (2010) als auch in dieser Arbeit (Markowski et al., 2010a) in den Myomen eine erhöhte Seneszenz gegenüber dem zugehörigen Myometrium nachgewiesen werden konnte, denn wie von Nishino et al. (2008) postuliert müssten die erhöhten HMGA2-Level zu erniedrigten Leveln der Seneszenz-assoziierten Gene führen. Daher wurde überprüft, ob Myome mit einer aufgrund von chromosomalen Rearrangierungen der Region 12q14~15 stark erhöhten *HMGA2*-Expression (Schoenmakers et al., 1995; Gross et al., 2003; Klemke et al., 2009) niedrigere $p14^{Arf}$- bzw. CDKN1A-Level aufweisen als Myome mit normalem Karyotyp. Denn würde eine stark erhöhte *HMGA2*-Expression zu einer Repression der Gene des *CDKN2A*-Lokus führen und somit in der Lage sein die Seneszenz zu unterdrücken, könnte dies eine Erklärung dafür sein, dass Myome mit *HMGA2*-Rearrangierungen größer sind als Myome ohne diese Aberration (Rein et al., 1998; Hennig et al., 1999). Die Messungen zeigten jedoch, dass Myome mit *HMGA2*-Rearrangierungen signifikant höhere $p14^{Arf}$-Level aufweisen als Myome mit normalem Karyotyp und auch die Expression des Seneszenz-assoziierten *CDKN1A*-Gens war in Myomen mit 12q14~15 Rearrangierungen signifikant höher als in Myomen ohne diese Aberration, was darauf hindeutet, dass HMGA2 eher ein Agonist des $p14^{Arf}$-TP53-Signalweges ist als ein Antagonist. Darüber hinaus war die Expression sowohl von *HMGA2* als auch von $p14^{Arf}$ und *CDKN1A* positiv mit der Tumorgröße korreliert, was darauf hindeutet, dass ein erhöhtes Wachstumspotential mit einer Aktivierung des $p14^{Arf}$-Signalweges einhergeht (Markowski et al., 2010a). Insgesamt lassen diese Ergebnisse vermuten, dass sich Myome in einem empfindlichen Gleichgewicht zwischen Proliferation und Seneszenz befinden. Die Aktivierung des $p14^{Arf}$-MDM2-TP53-Pathways in den Myomzellen könnte die hohe genomische Stabilität von Myomen und die niedrige Tendenz zur malignen Transformation (Hodge und Morton, 2007) erklären (Markowski et al., 2010c) und würde gleichzeitig über einen negativen Feedback-loop zwischen p53 und $p14^{Arf}$ (Robertson und Jones, 1998), sowie über einen positiven Feedback-loop zwischen p53 und MDM2 (Barak et al., 1993; Wu et al., 1993;

Barak et al., 1994) dazu führen, dass Myome in der Lage sind beachtliche Größen zu erreichen.

Daher sollte überprüft werden, ob dieses Gleichgewicht in der p14^{Arf}-MDM2-TP53-Achse zugunsten der Seneszenz und/oder der Apoptose gestört werden kann. Dazu wurden Zellkulturen von Myomen mit Nutlin-3, einem bekannten MDM2-Inhibitor, der in präklinischen Tests bereits krebshemmende Wirkungen zeigen konnte (Brown et al., 2009), behandelt. Nutlin-3 wirkt, indem es die Interaktion zwischen MDM2 und p53 verhindert, so dass es zu einer Aktivierung von p53 kommt, wodurch wiederum ein Zellzyklusarrest ausgelöst oder Apoptose verursacht werden kann (Vassilev et al., 2004). Nach Behandlung mit verschiedenen Konzentrationen von Nutlin-3 konnten signifikante Anstiege in den Expressionen der Seneszenz-assoziierten Gene *CDKN1A* und *GLB1* gemessen werden, während die Expression des Proliferatiosmarkers *Ki-67* signifikant absank. Obwohl normale Fibroblasten resistent gegen Nutlin-3 induzierte Apoptose sind (Efeyan et al., 2007), konnte darüber hinaus ein signifikanter Anstieg des pro-apoptotischen *BAX*-Gens beobachtet werden. Zusätzlich war die Anzahl seneszenter Zellen, gemessen am Anteil β-Galaktosidase-positiver Zellen, deutlich erhöht. Auch war die Anzahl der Zellen allgemein stark reduziert und kaum noch Mitosen vorhanden. Um sicherzustellen, dass die Ergebnisse tatsächlich spezifisch auf die MDM2-inhibierende Wirkung des Nutlin-3 zurückzuführen sind, wurden Myomzellen mittels reverser Transfektion mit MDM2-spezifischer siRNA behandelt. Die Inhibition der MDM2-mRNA durch RNA-Interferenz führte ebenfalls zu signifikant erhöhten *CDKN1A*- und *BAX*-Expressionen und zu signifikant erniedrigten *Ki-67*-Leveln (Markowski et al., 2011a). Es konnte darüber hinaus an Myomexplantaten gezeigt werden, dass auch in Myomzellen im Gewebeverband durch Behandlung mit Nutlin-3 Seneszenz und Apoptose ausgelöst werden können (Markowski et al., 2011, im Druck).

Die Feststellung, dass Myome signifikant höhere p14^{Arf}-Level aufweisen als das zugehörige Myometrium (Markowski et al., 2010a; Markowski et al., 2011, im Druck), suggeriert, dass Myome, verglichen mit dem angrenzenden Myometrium, eine Zellpopulation mit fortgeschrittenem replikativen Alter darstellen, die anfällig dafür ist seneszent zu werden. Auch die Tatsache, dass Myome weniger Stammzell- und

Progenitorzell-Charakteristika aufweisen als Myometrium und dass Myomzellen weniger Stammzellkolonien bilden als Myometriumzellen (Chang et al., 2010) könnte auf die fortgeschrittene Seneszenz der Myomzellen zurückzuführen sein. Daher wurde an Myom- und zugehörigen Myometriumexplantaten überprüft, ob die Myome sensitiver auf eine Nutlin-3-vermittelte MDM2-Inhibition reagieren als das „weniger seneszente" Myometriumgewebe. Die Vermutung konnte bestätigt werden, denn die Myomexplantate exprimierten nach Nutlin-3-Behandlung signifikant höhere Level der p53-abhängigen Markergene für Seneszenz und Apoptose als das zugehörige Myometrium (Markowski et al., 2011, im Druck).

Diese durch die MDM2-Inhibition erhaltenen Ergebnisse deuten darauf hin, dass der $p14^{Arf}$-MDM2-TP53-Pathway bzw. das Eingreifen in diesen Pathway neue Möglichkeiten für die Therapie von Myomen eröffnen könnte. Allerdings vermögen weder das verwendete *in vitro* Zellkultur-System (Markowski et al., 2011a), noch die Explantat-Kulturen (Markowski et al., 2011, im Druck) die *in vivo* Situation zufriedenstellend zu reflektieren, da Myome *in vitro* verschiedene Charakteristika des Gewebes *in vivo* verlieren. Sowohl für Myom-Zellkulturen (Zaitseva et al., 2006) als auch für Explantate (Severino et al., 1996) ist z.B. bekannt, dass sie nach kurzer Zeit *in vitro* ihre Östrogen-Rezeptoren verlieren. Trotz der möglichen Nachteile der verwendeten *in vitro*-Modelle korrespondiert die höhere Empfindlichkeit des Myomgewebes bzw. der Zellen gegen die MDM2-Inhibition verglichen mit dem Myometrium (Markowski et al., 2011a; Markowski et al., 2011, im Druck) mit einer höheren Expression von *$p14^{Arf}$* der Myome *in vivo*. Daher kann man davon ausgehen, dass es in der Tat beachtliche therapeutische Auswirkungen haben könnte, durch MDM2-Inhibition in den Myomen Seneszenz und Apoptose auszulösen, denn sowohl die Seneszenz als auch die Apoptose beeinflussen das Tumorwachstum und die Tumorgröße irreversibel, während GnRH-Antagonisten und -Agonisten lediglich ein vorübergehendes Schrumpfen der Myome verursachen (Matta et al., 1989; Chia et al., 2006). Es ist bekannt, dass Östrogene negative Regulatoren von p53 sind (Gao et al., 2002). Daher wäre es interessant zu überprüfen, ob es sinnvoll wäre, Myome mit einer Kombination von einem MDM2-Inhibitor und z.B. einem GnRH-Antagonisten zu behandeln, um eine möglich starke Stabilisierung von p53 in den Myomen zu erreichen und somit eine wirksame Behandlungsmethode für Myome zu erhalten.

Die signifikant höhere Expression der Seneszenz-assoziierten Gene *p14^{Arf}* und *CDKN1A* in den Myomen verglichen mit normalem Myometrium (Markowski et al., 2010a) könnte desweiteren auch eine Erklärung dafür sein, dass Myomzellen *in vitro* unerwartet ein niedrigeres Wachstumspotential zeigen als Myometriumzellen (Carney et al., 2002; Loy et al., 2005; Chang et al., 2010), während Myome *in vivo*, verglichen mit Myometrium, eine deutlich höhere proliferative Aktivität zeigen (Dixon et al., 2002; Kayisli et al., 2007). Um diese Theorie zu überprüfen, wurden die p14^{Arf}-Expressionen von 16 Leiomyomen sowohl *in vivo* als auch *in vitro* gemessen und tatsächlich konnte nachgewiesen werden, dass Myomzellen in Kultur sogar einen zusätzlichen signifikanten Anstieg des p14^{Arf}-Levels zeigen (Markowski et al., 2010b), der im Verlauf der Kultivierung noch weiter ansteigt (Markowski et al., 2011a). Zusätzlich wurden in den 16 Myomen die HMGA2-Level bestimmt und festgestellt, dass die *in vivo* existierenden deutlichen Unterschiede in der *HMGA2*-Expression *in vitro* nicht vorhanden sind. Myome mit ursprünglich hohem HMGA2-Level zeigen in Kultur einen starken Abfall der *HMGA2*-Expression während der HMGA2-Level von Myomen ohne *HMGA2*-Rearrangierungen *in vitro* ansteigt, so dass sogar 12q14~15-rearrangierte Myome *in vitro* ähnliche *HMGA2* Expressionsniveaus zeigen wie Myome mit normalem Karyotyp (Markowski et al., 2010b). Diese Feststellung liefert eine Erklärung dafür, dass trotz der zytogenetischen Heterogenität und den daraus resultierenden deutlichen Unterschieden in der *HMGA2*-Expression im nativen Gewebe alle Myome *in vitro* ein ähnliches Wachstumsverhalten zeigen. Ein Grund für die stark reduzierte *HMGA2*-Expression von 12q14~15-rearrangierten Myomen *in vitro* könnte sein, dass der *HMGA2*-Lokus durch die chromosomalen Rearrangierungen von regulatorischen Elementen aktiviert wird, welche bestimmte transkriptionelle Cofaktoren benötigen, die spezifisch für die Ursprungszelle und ihre Umgebung *in vivo* sind. Durch die Veränderungen im extrazellulären Milieu, die durch die „neue" *in vitro*-Umgebung auftreten, könnte somit die Aktivität dieser regulatorischen Elemente reduziert werden. Im Gegensatz dazu wird die normale transkriptionelle Kontrolle von *HMGA2* in Myomen ohne *HMGA2*-Rearrangierungen *in vitro* durch die Serum-Komponenten stimuliert (Gattas et al., 1999). Darüber hinaus wurde, übereinstimmend mit den Ergebnissen von Nishino et al. (2008) an neuronalen Stammzellen, mit ansteigendem p14^{Arf}-Level während der weiteren *in vitro* Kultivierung der Myomzellen ein signifikantes Absinken der

HMGA2-Expression gemessen (Markowski et al., 2011a). Diese Ergebnisse lassen vermuten, dass auch bei der *in vitro* Seneszenz von Myomen antagonistische Wechselwirkungen zwischen HMGA2 und p14^{Arf} eine Rolle spielen und weisen auf eine Gemeinsamkeit der Myome mit den von Nishino et al. (2008) untersuchten somatischen Stammzellen hin.

Somatische Stammzellen sind eine Gruppe von Zellen, die in den meisten adulten Geweben vorhanden sind. Sie haben die Fähigkeit zur asymmetrischen Zellteilung und sind somit in der Lage differenzierte Nachkommen zu erzeugen und sich gleichzeitig durch Selbsterneuerung zu erhalten (Fuchs et al., 2004). Auf diese Weise unterstützen sie die permanente Geweberegeneration, indem sie durch Apoptose oder Verletzung verlorengegangene Zellen ersetzen (Li und Xie, 2005). Ähnlich versteht man unter Tumorstammzellen eine Gruppe von Zellen eines Tumors, die ebenfalls in der Lage sind asymmetrische Zellteilung zu betreiben, um Selbsterneuerung zu betreiben und gleichzeitig alle im Tumor vorkommenden differenzierten Zellen zu bilden und die zusätzlich die proliferative Fähigkeit besitzen, ein anhaltendes Wachstum des Tumors zu ermöglichen (Jordan et al., 2006). Generell wird angeommen, dass auch im Myometrium eine Stammzell-ähnliche Population existiert, die für die Veränderungen der glatten Muskulatur der Gebärmutter während der Schwangerschaft und nach einer Geburt verantwortlich gemacht werden (Shynlova et al., 2009). Eine Studie von Ono et al. (2007) konnte die Existenz einer Stammzell-ähnlichen Seitenpopulation von ruhenden multipotenten Myometriumzellen (myoSP Zellen) nachweisen. Die Autoren nehmen an, dass die wiederholte menstruationsbedingte Hypoxie die klonale Proliferation einer myoSP Zelle auslösen könnte, was zur Entstehung eines Myoms führen würde.

Zur Entstehung und zur Wachstumskontrolle von Myomen mit 12q14~15 Aberration wäre folgendes Modell vorstellbar: In der Myom-Ursprungszelle, also einer Tumorstammzelle oder einer etwas weiter differenzierten Progenitorzelle, kommt es zu einer *HMGA2*-Mutation. Der daraus resultierende erhöhte HMGA2-Level führt dazu, dass die ursprünglich ruhende Stammzelle wieder in den Zellzyklus eintritt und durch asymmetrische Zellteilung Tumorzellen bildet und parallel Selbsterneuerung betreibt. Gleichzeitig könnte HMGA2 die Funktion eines aktivierten Onkogens besitzen und in den Myomen eine schwache Form onkogen-induzierter Seneszenz auslösen, so dass es zu einer Hochregulierung von p14^{Arf} und somit zur Aktivierung des p14^{Arf}-MDM2-TP53-Signalweges kommt. Der Tumor ist demzufolge in der Lage mit einer nur sehr geringen Gefahr zur malignen Transformation zu wachsen. Zudem endet zu einem bestimmten Zeitpunkt das Wachstum wieder. Der Zeitpunkt dieses Wachstumsstopps hängt von der Anzahl der Zellteilungen ab, die die Zelle bereits vollzogen hat, denn jede Zelle kann, u.a. aufgrund des Verlustes der Telomerrepeats (Hayflick und Moorhead, 1961), nur eine begrenzte Zahl an Teilungen durchführen. Zudem sinkt der HMGA2-Level mit dem Differenzierungsgrad der Zelle, so dass die HMGA2-Menge nicht mehr ausreicht, um die Zelle im Zellzyklus zu halten und die Seneszenz Überhand gewinnt. Zellen mit ursprünglich höherem HMGA2-Level können somit mehr Zellteilungen vollziehen, so dass Myome mit aufgrund von *HMGA2*-Rearrangierungen höheren HMGA2-Expressionen größer werden als Myome mit niedrigeren HMGA2-Leveln (Rein et al., 1998; Hennig et al., 1999). Ein möglicher Signalweg für die Seneszenz-auslösende Wirkung von HMGA2 wäre die Inhibierung der Komplexbildung von pRB mit E2F1 (Fedele et al., 2006, Fedele und Fusco, 2010). Durch das freie aktive E2F1 kann es dann zur Initiation der Transkription von *p14^{Arf}* kommen (Lomazzi et al, 2002; Komori et al., 2005). Die Transkription von E2F1-Targetgenen wird in nicht proliferierenden Zellen durch Bindung von pRB an E2F1 blockiert, durch die es wiederum zu einer Komplexbildung mit Histon-Deacetylase-Proteinen (HDAC1) kommt, (Xiao et al., 2003). HDAC1 verhindert die Transkription indem es die Acetylgruppen von den Histonen entfernt, wodurch sich aus den Nukleosomen wieder Chromatin bildet und den Transkriptionsfaktoren der Zugang verhindert wird (Magnaghi-Jaulin et al., 1998). HMGA2 ist in der Lage diesen Transkriptionsstopp aufzuheben, indem es pRB bindet und auf diese Weise HDAC1 verdrängt. Unter Abwesenheit von HDAC1 wird die Acetylierung der Histone sowie von E2F1 ausgelöst und die Transkription kann erfolgen (Fedele et al., 2006) (Abb. 25).

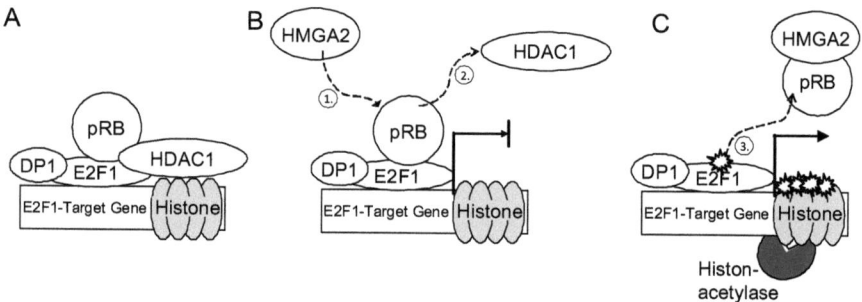

Abbildung 25: Schematisches Modell zur E2F1-Aktivierung durch HMGA2. A: In nicht proliferierenden Zellen ist die Transkription von E2F1-Target-Genen durch Komplexbildung zwischen E2F1, pRB und HDAC1 blockiert. B: Durch Bindung von HMGA2 an pRB wird HDAC1 aus dem Komplex verdrängt. C: Dadurch kann die Acetylierung der Histone und von E2F1 durch Histonacetylasen erfolgen, während unter Abspaltung des HMGA2-pRB-Komplexes eine stabile freie E2F1-Form entsteht, so dass die Transkription erfolgen kann. (modifiziert nach Fedele et al., 2006).

Komori et al. (2005) gehen davon aus, dass die Entscheidung darüber, ob die Aktivierung von E2F1 dazu führt, dass ausschließlich die herkömmlichen Zellzyklus-aktivierenden E2F1-Target-Gene transkribiert werden oder ob, zwar nicht ausschließlich aber doch vorrangig, das Seneszenz-auslösende $p14^{Arf}$-Gen transkribiert wird, von der Art der E2F1-Aktivierung abhängt. Grund hierfür ist, dass sich das E2F1-Response-Element des $p14^{Arf}$-Promotors von den E2F1-Bindungsstellen der klassischen E2F1-Target-Gene unterscheidet. Demnach führen normale Wachstumssignale zur Transkription der klassischen zellzyklusaktivierenden E2F1-Target-Gene, während aberrante Wachstumssignale, wie z.B. ein Defekt der pRB-Funktion, eine Transkription von $p14^{Arf}$ bewirken würde (Komori et al., 2005). Die Ergebnisse der vorliegenden Arbeit lassen vermuten, dass HMGA2 eines dieser aberranten, $p14^{Arf}$-aktivierenden Signale darstellen könnte (Abb. 26).

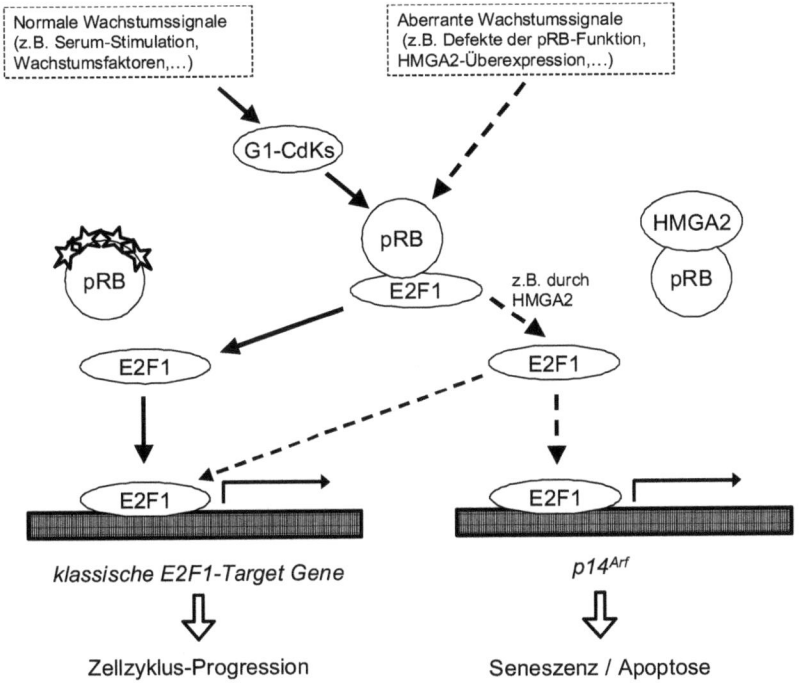

Abbildung 26: Modell der transkriptionellen Regulation durch E2F1. Die Aktivierung von E2F1 durch normale Wachstumssignalen, via Phosphorylierung von pRB durch G1-CdKs, führt zur Transkription der klassischen Zellzyklus-fördernden E2F1-Target Gene (solide Pfeile). Nach Aktivierung von E2F1 aufgrund von aberranten Signalen, wie z.B. HMGA2-Überexpression kommt es zur Transkription von p14^{Arf} und zusätzlich in geringerem Maße zur Transkription der klassischen E2F1-Target Gene (gestrichelte Pfeile).

Um die Beziehung zwischen HMGA2 und dem p14^{Arf}-vermittelten Seneszenzpathway in mesenchymalen Stammzellen (MSCs), also den mutmaßlichen Myom-Ursprungszellen, und somit in der benignen Tumorentstehung besser zu verstehen, sollten die Hinweise auf eine agonistische Wirkung von HMGA2 auf *p14^{Arf}* (Markowski et al., 2010a) durch Stimulation der *HMGA2*-Expression in MSCs mittels FGF1, einem bekannten Induktor von HMGA2 in immortalisierten Zellen (Ayoubi et al., 1999), überprüft werden. Die Ergebnisse stützen die Theorie einer agonistischen Wirkung von HMGA2 auf *p14^{Arf}*, denn nach Stimulation der *HMGA2*-Expression in humanen ADSCs konnte ein simultaner hochsignifikanter Anstieg der *p14^{Arf}*-Expression gemessen werden (Markowski et al., 2011b). Da diese Ergebnisse die Theorie der HMGA2-vermittelten *p14^{Arf}*-Repression

(Nishino et al., 2008) nicht bestätigen, ergab sich die Frage, ob die sowohl bei neuronalen Stammzellen (Nishino et al., 2008) und Myomen (Markowski et al., 2011a) als auch bei mesenchymalen Stammzellen (Lee et al., 2011; Markowski et al., 2011b) beobachtete inverse Korrelation zwischen den Expressionen von *HMGA2* und *p14^{Arf}* im Verlauf der *in vitro* Kultivierung ganz im Gegensatz zur bisherigen Annahme (Nishino et al., 2008) darauf zurückzuführen ist, dass p14^{Arf} *HMGA2* reprimiert. Um diese Theorie zu überprüfen, wurde in den MSCs die p14^{Arf}-mRNA mittels spezifischer siRNAs inhibiert, was zu einem signifikanten Anstieg der *HMGA2*-Expression in den Zellen führte (Markowski et al., 2011b). Denkbar wäre eine Beteiligung des folgenden Signalwegs: p14^{Arf} könnte über die p14^{Arf}-MDM2-TP53-Achse eine Stabilisierung von p53 bewirken, woraufhin p53, welches in der Lage ist einige microRNAs der let-7-Familie hochzuregulieren (Tarasov et al., 2007), über let-7 die Repression von *HMGA2* vermitteln würde (Abb. 27). Let-7 microRNAs sind wichtige negative Regulatoren der *HMGA2*-Expression, die ihre HMGA2-reprimierende Wirkung über Bindung an das 3'-UTR der HMGA2-mRNA ausüben, welches mehrere let-7-Bindungsstellen besitzt. Kommt es durch Rearrangierungen des *HMGA2*-Lokus zu einem Verlust dieser Bindungsstellen, resultiert daraus eine *HMGA2*-Überexpression (Lee und Dutta, 2007; Mayr et al., 2007; Yu et al., 2007). Damit übereinstimmend konnten Nishino et al. (2008) zeigen, dass die altersbedingte Abnahme der *HMGA2*-Expression mit einer Zunahme der let-7b-Expression einhergeht (Nishino et al., 2008). Die Autoren gehen in ihrem Modell allerdings nicht davon aus, dass p14^{Arf} als upstream Repressor von *HMGA2* fungiert, sondern, dass es sich dabei um ein negativ kontrolliertes Downstream-Element handelt. Ein Grund für die Unterschiede zwischen den Ergebnissen der Studie von Nishino et al. (2008) und den Ergebnissen der vorliegenden Arbeit könnte sein, dass sich die meisten Daten von Nishino et al. (2008) überwiegend auf p16^{Ink4a} beziehen und nicht ohne Weiteres auf p14^{Arf} übertragen werden können, da sich die beiden Proteine des *CDKN2A*-Lokus stark unterscheiden und mit HMGA2 auf unterschiedliche Art und Weise interagieren könnten.

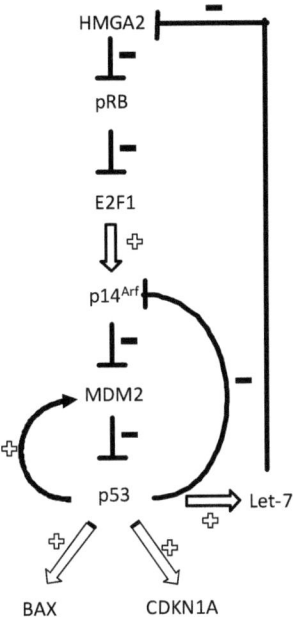

Abbildung 27: Modell der Interaktionen zwischen den einzelnen beteiligten Schlüsselelementen des in mesenchymalen Stammzellen und Myomen aktivierten HMGA2-p14^{Arf}-MDM2-TP53-Pathways. HMGA2 ist in der Lage die reprimierende Wirkung von pRB auf E2F1 aufzuheben. Dadurch kommt es zur Transkription des E2F1-Target-Gens *p14^{Arf}*. p14^{Arf} wiederum inhibiert MDM2, wodurch es zu einer Stabilisierung des Tumorsuppressorproteins p53 kommt. Als Transkriptionsfaktor vermittelt p53 die Expression von Genen, die die Apoptose und die Seneszenz fördern. Gleichzeitig vermittelt p53 seine eigene Repression, indem es über einen positiven Feedback-loop eine erhöhte *MDM2*-Expression und über einen negativen Feedback-loop eine Repression von p14^{Arf} bedingt. Zusätzlich führt p53 zur Hochregulation von let-7 microRNAs, welche wiederum bekannte Repressoren von HMGA2 sind.

Um zu überprüfen, ob p14^{Arf} tatsächlich über die p14^{Arf}-MDM2-TP53-Achse HMGA2 reprimiert, wurden MSCs mit dem MDM2-Inhibitor Nutlin-3 behandelt. Die auf diese Weise herbeigeführte Stabilisierung von p53 führte, neben signifikant erhöhten Expressionen des Seneszenz-assoziierten *CDKN1A*-Gens, zu signifikant erniedrigten HMGA2-Leveln. Zusätzlich konnte gezeigt werden, dass eine MDM2-Inhibition mittels Nutlin-3 den Anstieg der *HMGA2*-Expression nach Stimulation mit FKS signifikant abschwächt. Diese Ergebnisse bestätigen die Vermutung, dass p14^{Arf} in der Lage ist über die p14^{Arf}-MDM2-TP53-Achse HMGA2 zu reprimieren (Markowski et al., 2011b).

Insgesamt stützen die Ergebnisse der vorliegenden Arbeit die Theorie von der Entstehung von Uterus-Leiomyomen aus Stamm- und/oder Progenitorzellen des Myometriums. Durch Chromosomentranslokationen im Bereich des *HMGA2*- oder *HMGA1*-Lokus oder nach anderen, unbekannten Ereignissen kommt es zu einer permanenten Stimulation der Selbsterneuerung, was gleichzeitig mit einer Aktivierung von p14^{Arf} und einer damit einhergehenden Stabilisierung von p53 und somit dem Schutz des Genoms verbunden ist. Die Repression von HMGA2 durch p14^{Arf} könnte demzufolge Teil eines bestehenden Feedback-Loops sein, um unerwünschte Effekte von starken *HMGA2*-Expressionen zu unterdrücken und könnte daher an der Regulation der Selbsterneuerung von Stammzellen beteiligt sein. Die Ergebnisse deuten darauf hin, dass Myomzellen diese Fähigkeit ihrer Ursprungszellen zum Schutz ihres Genoms beibehalten haben, was die hohe genomische Stabilität dieser Tumoren erklären würde. Ebenso bleiben wesentliche Mechanismen, die die Anzahl der erreichbaren Zellteilungen limitieren, erhalten, so dass das Myom im Vergleich zum Normalgewebe ein „vorgealtertes" Gewebe darstellt, das dementsprechend empfindlicher auf eine Inhibierung von MDM2 reagiert. Somit identifizieren die durch die vorliegende Arbeit gewonnenen Erkenntnisse, die MDM2-Inhibition als eine wirksame Methode zur Wachstumsinhibierung von Myomen und eröffnen die Möglichkeit für die Entwicklung potentieller neuer Therapieansätze zur Behandlung von Uterus-Leiomyomen.

5 Zusammenfassung

Uterus-Leiomyome sind die häufigsten Tumoren des weiblichen Genitaltrakts. Die Uteri von bis zu 77 % der Frauen im reproduktiven Alter weisen Myome auf (Cramer und Patel, 1990). Myome verursachen diverse mitunter schwere Symptome, können zur Unfruchtbarkeit führen und die Ursache für Fehlgeburten sein (Greenberg und Kazamel, 1995), so dass sie die Indikation für über 200.000 Hysterektomien jährlich in den USA sind (Walker und Stewart, 2005). Trotz ihrer Häufigkeit wurden in den letzten Jahren kaum Fortschritte in der Entwicklung innovativer Therapien gemacht, so dass bis heute keine wirksamen Therapiealternativen zur chirurgischen Entfernung dieser Tumoren existieren. Auch sind die Ursachen für die Myomentstehung bisher ungeklärt und über ihre Pathogenese ist noch wenig bekannt.

In der vorliegenden Dissertation wurden die Mechanismen die eine Rolle bei der Wachstumskontrolle von Leiomyomen spielen untersucht und es konnte eine Beteiligung von $p14^{Arf}$ und demzufolge der p53-abhängigen Seneszenz nachgewiesen werden. HMGA2 spielt eine wichtige Rolle bei der Entstehung benigner mesenchymaler Tumoren und wird darüber hinaus mit der Selbsterneuerungskapazität von Stammzellen in Verbindung gebracht. Um die Beziehungen zwischen HMGA2 und $p14^{Arf}$ unter anderem in Bezug auf die Entstehung von Myomen zu verstehen, wurde die Interaktion zwischen $p14^{Arf}$ und HMGA2 in mesenchymalen Stammzellen, also den mutmaßlichen Ursprungszellen von Myomen, untersucht und es ist gelungen einen gegenteiligen Regulationsmechanismus bezüglich der Interaktion zwischen $p14^{Arf}$ und HMGA2 als bisher allgemein angenommen zu identifizieren. So konnte nachgewiesen werden, dass im Gegensatz zu der bisher gängigen Annahme, HMGA2 nicht $p14^{Arf}$ reprimiert, sondern im Rahmen der Onkogen-induzierten Seneszenz (OIS) sogar seine Induktion bewirkt, und dass $p14^{Arf}$ in der Lage ist, vermutlich über eine Stabilisierung von p53 und einer damit einhergehenden Aktivierung von let-7 microRNAs, HMGA2 zu reprimieren.

Die Ergebnisse der vorliegenden Arbeit stützen zudem die Theorie der Entstehung von Myomen aus mesenchymalen Stammzellen des Myometriums. Durch *HMGA2*-Rearrangierungen kommt es in einer ruhenden Stammzelle zur permanenten

Selbsterneuerung und damit zur Entstehung eines Myoms. Da *HMGA2* gleichzeitig die Funktion eines aktivierten Onkogens besitzt und somit die OIS auslöst, wird simultan der p14^{Arf}-MDM2-TP53-Signalweg aktiviert, so dass das Genom geschützt ist und der Tumor nur langsam und ohne Gefahr zur malignen Transformation wächst. Myome befinden sich also in einem empfindlichen Gleichgewicht zwischen Proliferation und Seneszenz. An Zellkulturen von Leiomyomen konnte gezeigt werden, dass es möglich ist das bestehende Gleichgewicht in der p14^{Arf}-MDM2-TP53-Achse durch Inhibition von MDM2 zu stören und auf diese Weise Seneszenz und Apoptose in den Tumoren auszulösen.

An einer Serie von 52 Myomen und 31 korrespondierenden Myometrien konnte nachgewiesen werden, dass Myome signifikant höhere p14^{Arf}-Level exprimieren als das zugehörige Myometrium. Übereinstimmend mit diesen Ergebnissen konnte gezeigt werden, dass Myomexplantate, aufgrund ihrer erhöhten Seneszenz, empfindlicher auf eine MDM2-Inhibition reagieren als das korrespondierende Myometrium. Zusammenfassend zeigen die Ergebnisse der vorliegenden Arbeit, dass Seneszenz und Apoptose eine wichtige Rolle bei der Wachstumskontrolle von Myomen spielen und eröffnen über die Möglichkeit der MDM2-Inhibition neue Wege für die Entwicklung neuer Therapien zur Behandlung dieser häufigen Tumoren.

6 Literaturverzeichnis

Asada H, Yamagata Y, Taketani T, Matsuoka A, Tamura H, Hattori N, Ohgane J, Hattori N, Shiota K, Sugino N. 2008. Potential link between estrogen receptor-alpha gene hypomethylation and uterine fibroid formation. Mol Hum Reprod 14:539-45.

Ayoubi TA, Jansen E, Meulemans SM, Van de Ven WJ. 1999. Regulation of HMGIC expression: an architectural transcription factor involved in growth control and development. Oncogene. 18:5076-5087.

Barak Y, Gottlieb E, Juven-Gershon T, Oren M. 1994. Regulation of mdm2 expression by p53: alternative promoters produce transcripts with nonidentical translation potential. Genes Dev. 8:1739-1749.

Barak Y, Juven T, Haffner R, Oren M. 1993. Mdm2 expression is induced by wild type p53 activity. EMBO J. 12:461-468.

Bastian BC, LeBoit PE, Pinkel D. 2000. Mutations and copy number increase of HRAS in Spitz nevi with distinctive histopathological features. Am J Pathol 157:967-972.

Braig M, Lee S, Loddenkemper C, Rudolph C, Peters AH, Schlegelberger B, Stein H, Dörken B, Jenuwein T, Schmitt CA. 2005. Oncogene-induced senescence as an initial barrier in lymphoma development. Nature 436:660-665.

Brown CJ, Lain S, Verma CS, Fersht AR, Lane DP. 2009. Awakening guardian angels: drugging the p53 pathway. Nat Rev Cancer. 9:862-873.

Bullerdiek J. 1999. Leiomyoma--do viruses play the main role? Genes Chromosomes Cancer 26:181.

Buttram VC Jr, Reiter RC. 1981. Uterine leiomyomata: etiology, symptomatology, and management. Fertil Steril 36:433-445.

Campisi J. 2005. Senescent cells, tumor suppression, and organismal aging: good citizens, bad neighbors. Cell 120:513-522.

Carlson KJ, Miller BA, Fowler FJ Jr. 1994. The Maine Women's Health Study: II. Outcomes of nonsurgical management of leiomyomas, abnormal bleeding, and chronic pelvic pain. Obstet Gynecol 83:566-572.

Carney SA, Tahara H, Swartz CD, Risinger JI, He H, Moore AB, Haseman JK, Barrett JC, Dixon D. 2002. Immortalization of human uterine leiomyoma and myometrial cell lines after induction of telomerase activity: molecular and phenotypic characteristics. Lab Invest 82:719-728.

Chang HL, Senaratne TN, Zhang L, Szotek PP, Stewart E, Dombkowski D, Preffer F, Donahoe PK, Teixeira J. 2010. Uterine leiomyomas exhibit fewer stem/progenitor cell characteristics when compared with corresponding normal myometrium. Reprod Sci 17:158-167.

Chen Z, Trotman LC, Shaffer D, Lin HK, Dotan ZA, Niki M, Koutcher JA, Scher HI, Ludwig T, Gerald W, Cordon-Cardo C, Pandolfi PP. 2005. Crucial role of p53-dependent cellular senescence in suppression of Pten-deficient tumorigenesis. Nature. 436:725-730.

Chia CC, Huang SC, Chen SS, Kang JY, Lin JC, Lin YS, Huang KF, Lee HJ, Zheng CC. 2006. Ultrasonographic evaluation of the change in uterine fibroids induced by treatment with a GnRH analog. Taiwan J Obstet Gynecol 45:124-128.

Cleynen I, Van de Ven WJ. 2008. The HMGA proteins: a myriad of functions (Review). Int J Oncol. 32:289-305.

Collado M, Gil J, Efeyan A, Guerra C, Schuhmacher AJ, Barradas M, Benguría A, Zaballos A, Flores JM, Barbacid M, Beach D, Serrano M. 2005. Tumour biology: senescence in premalignant tumours. Nature 436:642.

Cook JD, Walker CL. 2004. Treatment strategies for uterine leiomyoma: the role of hormonal modulation. Semin Reprod Med. 22:105-111.

Coronado GD, Marshall LM, Schwartz SM. 2000. Complications in pregnancy, labor, and delivery with uterine leiomyomas: a population-based study. Obstet Gynecol 95:764-769.

Cramer SF, Patel A. 1990. The frequency of uterine leiomyomas. Am J Clin Pathol 94:435-438.

DeWaay DJ, Syrop CH, Nygaard IE, Davis WA, Van Voorhis BJ. 2002. Natural history of uterine polyps and leiomyomata. Obstet Gynecol 100:3-7.

Dhomen N, Marais R. 2009. BRAF signaling and targeted therapies in melanoma. Hematol Oncol Clin North Am 23:529-545.

DiGiovanni J. 1991. Modification of multistage skin carcinogenesis in mice. Prog Exp Tumor Res. 33:192-229.

Dixon D, Flake GP, Moore AB, He H, Haseman JK, Risinger JI, Lancaster JM, Berchuck A, Barrett JC, Robboy SJ. 2002. Cell proliferation and apoptosis in human uterine leiomyomas and myometria. Virchows Arch 441:53-62

Efeyan A, Ortega-Molina A, Velasco-Miguel S, Herranz D, Vassilev LT, Serrano M. 2007. Induction of p53-dependent senescence by the MDM2 antagonist nutlin-3a in mouse cells of fibroblast origin. Cancer Res. 67:7350-7357.

Farquhar CM, Steiner CA. 2002. Hysterectomy rates in the United States 1990-1997. Obstet Gynecol 99:229-234.

Fedele M, Fusco A. 2010. Role of the high mobility group A proteins in the regulation of pituitary cell cycle. J Mol Endocrinol 44:309-318.

Fedele M, Pierantoni GM, Visone R, Fusco A. 2006. E2F1 activation is responsible for pituitary adenomas induced by HMGA2 gene overexpression. Cell Div. 1:17.

Fields KR, Neinstein LS. 1996. Uterine myomas in adolescents: case reports and a review of the literature. J Pediatr Adolesc Gynecol. 9:195-198.

Flake GP, Andersen J, Dixon D. 2003. Etiology and pathogenesis of uterine leiomyomas: a review. Environ Health Perspect 111:1037-1054.

Fuchs E, Tumbar T, Guasch G. 2004. Socializing with the neighbors: stem cells and their niche. Cell. 116:769-778.

Fusco A, Fedele M. 2007. Roles of HMGA proteins in cancer. Nat Rev Cancer. 7:899-910.

Gao Z, Matsuo H, Nakago S, Kurachi O, Maruo T. 2002. p53 Tumor suppressor protein content in human uterine leiomyomas and its down-regulation by 17 beta-estradiol. J Clin Endocrinol Metab. 87:3915-3920.

Gattas GJ, Quade BJ, Nowak RA, Morton CC. 1999. HMGIC expression in human adult and fetal tissues and in uterine leiomyomata. Genes Chromosomes Cancer 25:316-322.

Greenberg MD, Kazamel TI. 1995. Medical and socioeconomic impact of uterine fibroids. Obstet Gynecol Clin North Am. 22:625-636.

Gross KL, Morton CC. 2001. Genetics and the development of fibroids. Clin Obstet Gynecol 44:335-349.

Gross KL, Neskey DM, Manchanda N, Weremowicz S, Kleinman MS, Nowak RA, Ligon AH, Rogalla P, Drechsler K, Bullerdiek J, Morton CC. 2003. HMGA2 expression in uterine leiomyomata and myometrium: quantitative analysis and tissue culture studies. Genes Chromosomes Cancer. 38:68-79.

Hashimoto K, Azuma C, Kamiura S, Kimura T, Nobunaga T, Kanai T, Sawada M, Noguchi S, Saji F. 1995. Clonal determination of uterine leiomyomas by analyzing differential inactivation of the X-chromosome-linked phosphoglycerokinase gene. Gynecol Obstet Invest 40:204-208.

Hayflick L, Moorhead PS. 1961. The serial cultivation of human diploid cell strains. Exp Cell Res. 25:585-621.

Hennig Y, Deichert U, Bonk U, Thode B, Bartnitzke S, Bullerdiek J. 1999. Chromosomal translocations affecting 12q14-15 but not deletions of the long arm of chromosome 7 associated with a growth advantage of uterine smooth muscle cells. Mol Hum Reprod 5:1150-1154.

Hirning-Folz U, Wilda M, Rippe V, Bullerdiek J, Hameister H. 1998. The expression pattern of the Hmgic gene during development. Genes Chromosomes Cancer. 23:350-357.

Hodge JC, Morton CC. 2007. Genetic heterogeneity among uterine leiomyomata: insights into malignant progression. Hum Mol Genet 16 Spec No 1:R7-13.

Hodge JC, T Cuenco K, Huyck KL, Somasundaram P, Panhuysen CI, Stewart EA, Morton CC. 2009. Uterine leiomyomata and decreased height: a common HMGA2 predisposition allele. Hum Genet 125:257-263.

Jordan CT, Guzman ML, Noble M. 2006. Cancer stem cells. N Engl J Med. 355:1253-1261.

Kayisli UA, Berkkanoglu M, Kizilay G, Senturk L, Arici A. 2007. Expression of proliferative and preapoptotic molecules in human myometrium and leiomyoma throughout the menstrual cycle. Reprod Sci. 14:678-686.

Kim WY, Sharpless NE. 2006. The regulation of INK4/ARF in cancer and aging. Cell. 127:265-275.

Kjerulff KH, Langenberg P, Seidman JD, Stolley PD, Guzinski GM. 1996. Uterine leiomyomas. Racial differences in severity, symptoms and age at diagnosis. J Reprod Med 41:483-490.

Klemke M, Meyer A, Nezhad MH, Bartnitzke S, Drieschner N, Frantzen C, Schmidt EH, Belge G, Bullerdiek J. 2009. Overexpression of HMGA2 in uterine leiomyomas points to its general role for the pathogenesis of the disease. Genes Chromosomes Cancer 48:171-178.

Komori H, Enomoto M, Nakamura M, Iwanaga R, Ohtani K. 2005. Distinct E2F-mediated transcriptional program regulates p14ARF gene expression. EMBO J. 24:3724-3736.

Kuwata T, Kitagawa M, Kasuga T. 1993. Proliferative activity of primary cutaneous melanocytic tumours. Virchows Arch A Pathol Anat Histopathol 423:359-364.

Laser J, Lee P, Wei JJ. 2010. Cellular senescence in usual type uterine leiomyoma. Fertil Steril 93:2020-2026.

Lee S, Jung JW, Park SB, Roh K, Lee SY, Kim JH, Kang SK, Kang KS. 2011. Histone deacetylase regulates high mobility group A2-targeting microRNAs in human cord blood-derived multipotent stem cell aging. Cell Mol Life Sci. 68:325-336.

Lee YS, Dutta A. 2007. The tumor suppressor microRNA let-7 represses the HMGA2 oncogene. Genes Dev. 21:1025-1030.

Lethaby A, Vollenhoven B, Sowter M. 2001. Pre-operative GnRH analogue therapy before hysterectomy or myomectomy for uterine fibroids. Cochrane Database Syst Rev (2):CD000547.

Lethaby AE, Vollenhoven BJ. 2008. An evidence-based approach to hormonal therapies for premenopausal women with fibroids. Best Pract Res Clin Obstet Gynaecol. 22:307-331.

Li L, Xie T. 2005. Stem cell niche: structure and function. Annu Rev Cell Dev Biol. 21:605-631.

Li O, Li J, Dröge P. 2007. DNA architectural factor and proto-oncogene HMGA2 regulates key developmental genes in pluripotent human embryonic stem cells. FEBS Lett. 581:3533-3537.

Li O, Vasudevan D, Davey CA, Dröge P. 2006. High-level expression of DNA architectural factor HMGA2 and its association with nucleosomes in human embryonic stem cells. Genesis. 44:523-529.

Ligon AH, Morton CC. 2000. Genetics of uterine leiomyomata. Genes Chromosomes Cancer 28:235-245.

Linder D, Gartler SM. 1965. Glucose-6-phosphate dehydrogenase mosaicism: utilization as a cell marker in the study of leiomyomas. Science. 150:67-69.

Livak KJ, Schmittgen TD. 2001. Analysis of relative gene expression data using real-time quantitative PCR and the 2(-Delta Delta C(T)) Method. Methods 25:402-408.

Lomazzi M, Moroni MC, Jensen MR, Frittoli E, Helin K. 2002. Suppression of the p53- or pRB-mediated G1 checkpoint is required for E2F-induced S-phase entry. Nat Genet. 31:190-194.

Lowe SW, Sherr CJ. 2003. Tumor suppression by Ink4a-Arf: progress and puzzles. Curr Opin Genet Dev 13:77-83.

Loy CJ, Evelyn S, Lim FK, Liu MH, Yong EL. 2005. Growth dynamics of human leiomyoma cells and inhibitory effects of the peroxisome proliferator-activated receptor-gamma ligand, pioglitazone. Mol Hum Reprod 11:561-566.

Luo X, Chegini N. 2008. The expression and potential regulatory function of microRNAs in the pathogenesis of leiomyoma. Semin Reprod Med 26:500-14.

Magnaghi-Jaulin L, Groisman R, Naguibneva I, Robin P, Lorain S, Le Villain JP, Troalen F, Trouche D, Harel-Bellan A. 1998. Retinoblastoma protein represses transcription by recruiting a histone deacetylase. Nature. 39:601-605.

Maldonado JL, Timmerman L, Fridlyand J, Bastian BC. 2004. Mechanisms of cell-cycle arrest in Spitz nevi with constitutive activation of the MAP-kinase pathway. Am J Pathol 164:1783-1787.

Markowski DN, Bartnitzke S, Belge G, Drieschner N, Helmke BM, Bullerdiek J. 2010b. Cell culture and senescence in uterine fibroids. Cancer Genet Cytogenet. 202:53-57.

Markowski DN, Helmke BM, Belge G, Nimzyk R, Bartnitzke S, Deichert U, Bullerdiek J. 2011a. HMGA2 and p14^{Arf}: Major Roles in Cellular Senescence of Fibroids and Therapeutic Implications. Anticancer Res. 31:753-761.

Markowski DN, Helmke BM, Bullerdiek J. 2010c. Cellular senescence in usual type uterine leiomyoma. Fertil Steril. 94:e79; author reply e80.

Markowski DN, Helmke BM, Radke A, Froeb J, Belge G, Bartnitzke S, Wosniok W, Czybulka-Jachertz I, Deichert U, Bullerdiek J. Fibroid explants reveal a higher sensitivity against MDM2 inhibitor nutlin-3 than matching myometrium. BMC Women's Health, im Druck.

Markowski DN, von Ahsen I, Nezhad MH, Wosniok W, Helmke BM, Bullerdiek J. 2010a. HMGA2 and the p19Arf-TP53-CDKN1A axis: a delicate balance in the growth of uterine leiomyomas. Genes Chromosomes Cancer. 49:661-668.

Markowski DN, Winter N, Meyer F, von Ahsen I, Wenk H, Nolte I, Bullerdiek J. 2011b. p14Arf Acts as an Antagonist of HMGA2 in Senescence of Mesenchymal Stem Cells – Implications for Benign Tumorigenesis. Genes Chromosomes Cancer. 50:489-498.

Marsh EE, Lin Z, Yin P, Milad M, Chakravarti D, Bulun SE. 2008. Differential expression of microRNA species in human uterine leiomyoma versus normal myometrium. Fertil Steril 89:1771-1776.

Mashal RD, Fejzo ML, Friedman AJ, Mitchner N, Nowak RA, Rein MS, Morton CC, Sklar J. 1994. Analysis of androgen receptor DNA reveals the independent clonal origins of uterine leiomyomata and the secondary nature of cytogenetic aberrations in the development of leiomyomata. Genes Chromosomes Cancer 11:1-6.

Matsumura T, Zerrudo Z, Hayflick L. 1979. Senescent human diploid cells in culture: survival, DNA synthesis and morphology. J Gerontol 34:328-334.

Matta WH, Shaw RW, Nye M. 1989. Long-term follow-up of patients with uterine fibroids after treatment with the LHRH agonist buserelin. Br J Obstet Gynaecol 96:200-206.

Mayr C, Hemann MT, Bartel DP. 2007. Disrupting the pairing between let-7 and Hmga2 enhances oncogenic transformation. Science. 315:1576-1579.

Meek DW. 2009. Tumour suppression by p53: a role for the DNA damage response? Nat Rev Cancer 9:714-723.

Meyer B, Loeschke S, Schultze A, Weigel T, Sandkamp M, Goldmann T, Vollmer E, Bullerdiek J. 2007. HMGA2 overexpression in non-small cell lung cancer. Mol Carcinog. 46:503-511.

Michaloglou C, Vredeveld LC, Soengas MS, Denoyelle C, Kuilman T, van der Horst CM, Majoor DM, Shay JW, Mooi WJ, Peeper DS. 2005. BRAFE600-associated senescence-like cell cycle arrest of human naevi. Nature. 436:720-724.

Miller CE. 2009. Unmet therapeutic needs for uterine myomas. J Minim Invasive Gynecol 16:11-21.

Mooi WJ, Peeper DS. 2006. Oncogene-induced cell senescence--halting on the road to cancer. N Engl J Med 355:1037-1046.

Mooi WJ. 2009. Oncogene-induced cellular senescence: causal factor in the growth arrest of pituitary microadenomas? Horm Res 71 Suppl 2:78-81.

Nishino J, Kim I, Chada K, Morrison SJ. 2008. Hmga2 promotes neural stem cell self-renewal in young but not old mice by reducing p16Ink4a and p19Arf Expression. Cell 135:227-239.

Ono M, Maruyama T, Masuda H, Kajitani T, Nagashima T, Arase T, Ito M, Ohta K, Uchida H, Asada H, Yoshimura Y, Okano H, Matsuzaki Y. 2007. Side population in human uterine myometrium displays phenotypic and functional characteristics of myometrial stem cells. Proc Natl Acad Sci U S A. 104:18700-18705.

Peddada SD, Laughlin SK, Miner K, Guyon JP, Haneke K, Vahdat HL, Semelka RC, Kowalik A, Armao D, Davis B, Baird DD. 2008. Growth of uterine leiomyomata among premenopausal black and white women. Proc Natl Acad Sci U S A. 105:19887-19892.

Pollock PM, Harper UL, Hansen KS, Yudt LM, Stark M, Robbins CM, Moses TY, Hostetter G, Wagner U, Kakareka J, Salem G, Pohida T, Heenan P, Duray P, Kallioniemi O, Hayward NK, Trent JM, Meltzer PS. 2003. High frequency of BRAF mutations in nevi. Nat Genet 33:19-20.

Rein MS, Barbieri RL, Friedman AJ. 1995. Progesterone: a critical role in the pathogenesis of uterine myomas. Am J Obstet Gynecol 172:14-18.

Rein MS, Friedman AJ, Barbieri RL, Pavelka K, Fletcher JA, Morton CC. 1991. Cytogenetic abnormalities in uterine leiomyomata. Obstet Gynecol 77:923-926.

Rein MS, Powell WL, Walters FC, Weremowicz S, Cantor RM, Barbieri RL, Morton CC. 1998. Cytogenetic abnormalities in uterine myomas are associated with myoma size. Mol Hum Reprod. 83-86.

Rein MS. 2000. Advances in uterine leiomyoma research: the progesterone hypothesis. Environ Health Perspect 108 Suppl 5:791-793.

Robertson KD, Jones PA. 1998. The human ARF cell cycle regulatory gene promoter is a CpG island which can be silenced by DNA methylation and down-regulated by wild-type p53. Mol Cell Biol. 18:6457-6473.

Romagnolo B, Molina T, Leroy G, Blin C, Porteux A, Thomasset M, Vandewalle A, Kahn A, Perret C. 1996. Estradiol-dependent uterine leiomyomas in transgenic mice. J Clin Invest 98:777-784.

Ross RK, Pike MC, Vessey MP, Bull D, Yeates D, Casagrande JT. 1986. Risk factors for uterine fibroids: reduced risk associated with oral contraceptives. Br Med J (Clin Res Ed) 293:359-362.

Saldanha G, Purnell D, Fletcher A, Potter L, Gillies A, Pringle JH. 2004. High BRAF mutation frequency does not characterize all melanocytic tumor types. Int J Cancer 111:705-710.

Sandberg AA, Bridge JA. 1994. Updates on the cytogenetics and molecular genetics of bone and soft tissue tumors: osteosarcoma and related tumors. Austin: RG Landes Co.

Sandberg AA. 2005. Updates on the cytogenetics and molecular genetics of bone and soft tissue tumors: leiomyoma. Cancer Genet Cytogenet 158:1-26.

Sankaran S, Manyonda IT. 2008. Medical management of fibroids. Best Pract Res Clin Obstet Gynaecol. 22:655-676.

Schoenmakers EF, Wanschura S, Mols R, Bullerdiek J, Van den Berghe H, Van de Ven WJ. 1995. Recurrent rearrangements in the high mobility group protein gene, HMGI-C, in benign mesenchymal tumours. Nat Genet 10:436-444.

Serrano M, Lee H, Chin L, Cordon-Cardo C, Beach D, DePinho RA. 1996. Role of the INK4a locus in tumor suppression and cell mortality. Cell. 85:27-37.

Severino MF, Murray MJ, Brandon DD, Clinton GM, Burry KA, Novy MJ. 1996. Rapid loss of oestrogen and progesterone receptors in human leiomyoma and myometrial explant cultures. Mol Hum Reprod 2:823-828.

Shaffer LG, Slovak ML, Campbell LJ, editors. ISCN. In: An International System for Human Cytogenetic Nomenclature 2009.. Basel, Switzerland: S. Karger. 2009.

Sharp HT. 2006. Assessment of new technology in the treatment of idiopathic menorrhagia and uterine leiomyomata. Obstet Gynecol 108:990-1003.

Shynlova O, Tsui P, Jaffer S, Lye SJ. 2009. Integration of endocrine and mechanical signals in the regulation of myometrial functions during pregnancy and labour. Eur J Obstet Gynecol Reprod Biol. 144 Suppl 1:S2-10.

Stern C, Kazmierczak B, Thode B, Rommel B, Bartnitzke S, Dal Cin P, van de Ven W, Van den Berghe H, Bullerdiek J. 1991. Leiomyoma cells with 12q15 aberrations can be transformed in vitro and show a relatively stable karyotype during precrisis period. Cancer Genet Cytogenet 54:223-228.

Stewart EA. 2001. Uterine fibroids. Lancet 357:293-298.

Takaha N, Resar LM, Vindivich D, Coffey DS. 2004. High mobility group protein HMGI(Y) enhances tumor cell growth, invasion, and matrix metalloproteinase-2 expression in prostate cancer cells. Prostate. 60:160-167.

Tarasov V, Jung P, Verdoodt B, Lodygin D, Epanchintsev A, Menssen A, Meister G, Hermeking H. 2007. Differential regulation of microRNAs by p53 revealed by massively parallel sequencing: miR-34a is a p53 target that induces apoptosis and G1-arrest. Cell Cycle. 6:1586-1593.

Townsend DE, Sparkes RS, Baluda MC, McClelland G. 1970. Unicellular histogenesis of uterine leiomyomas as determined by electrophoresis by glucose-6-phosphate dehydrogenase. Am J Obstet Gynecol 107:1168-1173.

Vassilev LT, Vu BT, Graves B, Carvajal D, Podlaski F, Filipovic Z, Kong N, Kammlott U, Lukacs C, Klein C, Fotouhi N, Liu EA. 2004. In vivo activation of the p53 pathway by small-molecule antagonists of MDM2. Science. 303:844-848.

Vikhlyaeva EM, Khodzhaeva ZS, Fantschenko ND. 1995. Familial predisposition to uterine leiomyomas. Int J Gynaecol Obstet 51:127-31.

Walker CL, Stewart EA. 2005. Uterine fibroids: the elephant in the room. Science 308:1589-1592.

Wei JJ, Soteropoulos P. 2008. MicroRNA: a new tool for biomedical risk assessment and target identification in human uterine leiomyomas. Semin Reprod Med 26:515-521.

Wilcox LS, Koonin LM, Pokras R, Strauss LT, Xia Z, Peterson HB. 1994. Hysterectomy in the United States, 1988-1990. Obstet Gynecol 83:549-555.

Wu X, Bayle JH, Olson D, Levine AJ. 1993. The p53-mdm-2 autoregulatory feedback loop. Genes Dev. 7:1126-1132.

Xiao B, Spencer J, Clements A, Ali-Khan N, Mittnacht S, Broceño C, Burghammer M, Perrakis A, Marmorstein R, Gamblin SJ. 2003. Crystal structure of the retinoblastoma tumor suppressor protein bound to E2F and the molecular basis of its regulation. Proc Natl Acad Sci U S A. 100:2363-2368.

Yamagata Y, Maekawa R, Asada H, Taketani T, Tamura I, Tamura H, Ogane J, Hattori N, Shiota K, Sugino N. 2009. Aberrant DNA methylation status in human uterine leiomyoma. Mol Hum Reprod 15:259-267.

Yu F, Yao H, Zhu P, Zhang X, Pan Q, Gong C, Huang Y, Hu X, Su F, Lieberman J, Song E. 2007. let-7 regulates self renewal and tumorigenicity of breast cancer cells. Cell. 131:1109-1123.

Zaitseva M, Vollenhoven BJ, Rogers PA. 2006. In vitro culture significantly alters gene expression profiles and reduces differences between myometrial and fibroid smooth muscle cells. Mol Hum Reprod 12:187-207.

Zhang Y, Xiong Y, Yarbrough WG. 1998. ARF promotes MDM2 degradation and stabilizes p53: ARF-INK4a locus deletion impairs both the Rb and p53 tumor suppression pathways. Cell 92:725-734.

Zhou X, Benson KF, Ashar HR, Chada K. 1995. Mutation responsible for the mouse pygmy phenotype in the developmentally regulated factor HMGI-C. Nature. 376:771-774.

7 Danksagung

Mein ganz besonderer Dank gilt Prof. Dr. Jörn Bullerdiek für die Überlassung des interessanten Themas und für die tolle Betreuung dieser Arbeit. Vor allem möchte ich mich dafür bedanken, dass er sich immer Zeit für mich genommen hat.

Bei PD Dr. Burkhard M. Helmke bedanke ich mich für die Übernahme des Koreferats, für die immer so zuverlässige Bereitstellung der unzähligen Gewebeproben und seine Hilfsbereitschaft.

Für die Bereitstellung von Probenmaterial bedanke ich mich außerdem bei Prof. Dr. U. Deichert, Prof. Dr. H. Wenk und Prof. Dr. I. Nolte.

Bei Dr. Sabine Bartnitzke bedanke ich mich für die vielen Karyotyp-Analysen, bei Dr. Gazanfer Belge für die Organisation der Myom-Zellkultur und bei Dr. Birgit Rommel für das Korrekturlesen des einen oder anderen Papers.

Einen ganz lieben Dank an Frauke Meyer und Nadja Schwochow für ihre unersetzliche Unterstützung im Labor. Danke für eure Hilfe bei den vielen RNA-Isolierungen, cDNA-Synthesen, qRT-PCRs und Western-Blots, fürs Ordnung-halten in den 1.000en -80°C-Kästen und vor allem Danke für die lustigen, manchmal etwas verrückten Stunden in unserem Büro.

Für die schönen Kaffee-Pausen, Gespräche, Energiekreise und die lustige Zeit im und auch außerhalb des ZHGs danke ich meinen „KOLLEGEN ;-)" Frauke Meyer, Helge Thies, Inga Flor und Merle Skischus.

Einen besonderen Dank an Inga Flor für ihre Freundschaft und die vielen lustigen Übernachtungswochenenden.

Meiner Tante Marion Schnellbacher möchte ich dafür danken, dass sie schon immer eine so tolle Patentante war und natürlich immer noch ist und mich bei „Oskar-Fragen" jederzeit so hilfreich berät.

Von ganzem Herzen möchte ich meinen Eltern Dagmar und Peter Markowski und meiner Schwester Danielle Markowski dafür danken, dass sie immer für mich da sind. Besonders danke ich meiner Mutter dafür, dass sie sich jederzeit so geduldig und interessiert meine Geschichten anhört, sich mit mir freut oder mich aufmuntert und für unsere regelmäßigen Telefonate ohne die am Morgen einfach etwas fehlen würde.

Die VDM Verlagsservicegesellschaft sucht für wissenschaftliche Verlage abgeschlossene und herausragende

Dissertationen, Habilitationen, Diplomarbeiten, Master Theses, Magisterarbeiten usw.

für die kostenlose Publikation als Fachbuch.

Sie verfügen über eine Arbeit, die hohen inhaltlichen und formalen Ansprüchen genügt, und haben Interesse an einer honorarvergüteten Publikation?

Dann senden Sie bitte erste Informationen über sich und Ihre Arbeit per Email an *info@vdm-vsg.de*.

Sie erhalten kurzfristig unser Feedback!

VDM Verlagsservicegesellschaft mbH
Dudweiler Landstr. 99
D - 66123 Saarbrücken

Telefon +49 681 3720 174
Fax +49 681 3720 1749

www.vdm-vsg.de

Die VDM Verlagsservicegesellschaft mbH vertritt

Printed by Books on Demand GmbH, Norderstedt / Germany